"十二五"职业教育国家规划教材
经全国职业教育教材审定委员会审定
高等职业院校精品教材系列

省级精品课
配套教材

电机与电气控制
项目教程

殷建国　侯秉涛　主　编

潘洪坤　副主编

谯　锴　主审

電子工業出版社·

Publishing House of Electronics Industry

北京·BEIJING

内 容 简 介

本书根据国家示范专业建设课程改革成果，结合作者多年的企业设计与职业教育教学经验，以企业工作岗位的实际技术需求为目标进行编写。全书共设计 5 个学习项目，分别介绍直流电动机、三相异步电动机、变压器、常用低压电器等基本知识，以三相异步电动机和其他执行电器为控制对象的生产机械的电气控制原理、线路分析方法为重点，培养学生解决生产中电气控制方面实际问题的工程能力。

本书以项目为导向、以能力培养为重点，所有项目均由企业工程人员与高职教师根据工作岗位实际情况结合课程知识点要求进行精心挑选，具有广泛的代表性，符合各院校本课程知识学习与技术应用能力培养的需要。

本书为高等职业本专科院校相应课程的教材，可作为开放大学、成人教育、自学考试、中职学校、培训班的教材，以及工程技术人员的参考工具书。

本书提供免费的电子教学课件、习题参考答案和**精品课网站**，详见前言。

图书在版编目（CIP）数据

电机与电气控制项目教程/殷建国，侯秉涛主编 . 一北京：电子工业出版社，2011.2

全国高等职业院校规划教材·精品与示范系列

ISBN 978-7-121-12885-1

Ⅰ. ①电… Ⅱ. ①殷… ②侯… Ⅲ. ①电机学－高等学校：技术学校－教材 ②电气控制－高等学校：技术学校－教材 Ⅳ. ①TM3 ②TM921.5

中国版本图书馆 CIP 数据核字（2011）第 016611 号

策划编辑：陈健德（E-mail：chenjd@phei.com.cn）
责任编辑：侯丽平
印　　刷：北京盛通数码印刷有限公司
装　　订：北京盛通数码印刷有限公司
出版发行：电子工业出版社
　　　　　北京市海淀区万寿路 173 信箱　邮编　100036
开　　本：787×1 092　1/16　印张：12　字数：307.2 千字
版　　次：2011 年 2 月第 1 版
印　　次：2024 年 6 月第 19 次印刷
定　　价：38.00 元

凡所购买电子工业出版社图书有缺损问题，请向购买书店调换。若书店售缺，请与本社发行部联系，联系及邮购电话：（010）88254888，88258888。

质量投诉请发邮件至 zlts@phei.com.cn，盗版侵权举报请发邮件至 dbqq@phei.com.cn。

本书咨询联系方式：chenjd@phei.com.cn。

职业教育　继往开来（序）

自我国经济在 21 世纪快速发展以来，各行各业都取得了前所未有的进步。随着我国工业生产规模的扩大和经济发展水平的提高，教育行业受到了各方面的重视。尤其对高等职业教育来说，近几年在教育部和财政部实施的国家示范性院校建设政策鼓舞下，高职院校以服务为宗旨、以就业为导向，开展工学结合与校企合作，进行了较大范围的专业建设和课程改革，涌现出一批示范专业和精品课程。高职教育在为区域经济建设服务的前提下，逐步加大校内生产性实训比例，引入企业参与教学过程和质量评价。在这种开放式人才培养模式下，教学以育人为目标，以掌握知识和技能为根本，克服了以学科体系进行教学的缺点和不足，为学生的顶岗实习和顺利就业创造了条件。

中国电子教育学会立足于电子行业企事业单位，为行业教育事业的改革和发展，为实施"科教兴国"战略做了许多工作。电子工业出版社作为职业教育教材出版大社，具有优秀的编辑人才队伍和丰富的职业教育教材出版经验，有义务和能力与广大的高职院校密切合作，参与创新职业教育的新方法，出版反映最新教学改革成果的新教材。中国电子教育学会经常与电子工业出版社开展交流与合作，在职业教育新的教学模式下，将共同为培养符合当今社会需要的、合格的职业技能人才而提供优质服务。

近期由电子工业出版社组织策划和编辑出版的"全国高职高专院校规划教材·精品与示范系列"，具有以下几个突出特点，特向全国的职业教育院校进行推荐。

（1）本系列教材的课程研究专家和作者主要来自于教育部和各省市评审通过的多所示范院校。他们对教育部倡导的职业教育教学改革精神理解得透彻准确，并且具有多年的职业教育教学经验及工学结合、校企合作经验，能够准确地对职业教育相关专业的知识点和技能点进行横向与纵向设计，能够把握创新型教材的出版方向。

（2）本系列教材的编写以多所示范院校的课程改革成果为基础，体现重点突出、实用为主、够用为度的原则，采用项目驱动的教学方式。学习任务主要以本行业工作岗位群中的典型实例提炼后进行设置，项目实例较多，应用范围较广，图片数量较大，还引入了一些经验性的公式、表格等，文字叙述浅显易懂。增强了教学过程的互动性与趣味性，对全国许多职业教育院校具有较大的适用性，同时对企业技术人员具有可参考性。

（3）根据职业教育的特点，本系列教材在全国独创性地提出"职业导航、教学导航、知识分布网络、知识梳理与总结"及"封面重点知识"等内容，有利于老师选择合适的教材并有重点地开展教学过程，也有利于学生了解该教材相关的职业特点和对教材内容进行高效率的学习与总结。

（4）根据每门课程的内容特点，为方便教学过程对教材配备相应的电子教学课件、习题答案与指导、教学素材资源、程序源代码、教学网站支持等立体化教学资源。

职业教育要不断进行改革，创新型教材建设是一项长期而艰巨的任务。为了使职业教育能够更好地为区域经济和企业服务，殷切希望高职高专院校的各位职教专家和老师提出建议和撰写精品教材（联系邮箱:chenjd@phei.com.cn,电话:010-88254585），共同为我国的职业教育发展尽自己的责任与义务！

中国电子教育学会

前　言

　　近几年，随着我国经济建设的快速发展，高等职业教育教学改革取得了瞩目的成绩，许多专业课程的教学更加注重对学生职业岗位操作技能与职业发展能力的培养。本书是根据国家示范性高职院校建设项目成果的课程标准及模式，结合企业实际技术应用内容和项目，并针对学生的职业能力和创新能力培养而编写的项目式教材。

　　本书作者结合多年的企业工作经验及职业教育经验，从企业的实际工作技术应用角度出发，通过设计 5 个学习项目，分别介绍直流电动机、三相异步电动机、变压器、常用低压电器等基本知识，以三相异步电动机和其他执行电器为控制对象的生产机械的电气控制原理、线路分析方法为重点，培养学生解决生产中电气控制方面实际问题的工程能力。本书在编写时注意与国家中、高级维修电工等级考试大纲、内容与要求相结合，加强电工、维修电工职业技能训练，提高学习者的实践能力。

　　本书打破了传统的学科式教材模式，以项目为导向，以任务进行驱动，以能力培养为重点构建项目内容，所选项目均由企业工程技术人员与高职教师结合行业工作岗位的实际情况，精心挑选，具有广泛的代表性，能够满足课程知识点的要求；同时增设知识拓展模块，以技术应用为中心，拓展理论知识学习与技术应用能力培养，有利于提高学生的可持续发展能力。参与编写的人员有高等职业院校的教师，也有相关企业具有丰富经验的工程师，充分体现了高等职业教育校企合作、工学结合的特色，也是为培养符合社会和企业需要的高技能应用型人才进行探索。

　　本书实用性强、内容通俗易懂、易于教学，为高等职业本专科院校相应课程的教材，可作为开放大学、成人教育、自学考试、中职学校、培训班的教材，以及工程技术人员的参考工具书。

　　本书由大连职业技术学院殷建国、侯秉涛担任主编，由大连职业技术学院潘洪坤担任副主编，参加编写的还有大连职业技术学院王刚权、王翔、谢斌及大连天元电机股份有限公司工程师孙磊道。其中项目 1、3 由潘洪坤、王刚权、孙磊道编写；项目 2、5 由殷建国、侯秉涛、王翔编写；项目 4 由殷建国、侯秉涛、谢斌编写。

　　本书由英特尔半导体有限公司谯锴经理担任主审，并为此书的编写工作提供了宝贵的建议。在本书的编写过程中，得到了编者所在学院的领导、老师及合作企业的大力支持，在此一并表示感谢。

　　本书配有免费的电子教学课件和习题参考答案，请有此需要的教师登录华信教育资源网（www.hxedu.com.cn）免费注册后再进行下载，如有问题请在网站留言或与电子工业出版社联系（E-mail:hxedu@phei.com.cn）。读者也可通过该精品课网站（http://dx.dlvtc.edu.cn/jpk/dx/gcdq/index.htm）浏览和参考更多的教学资源。

　　由于编者水平有限，书中难免存在疏漏之处，敬请广大读者批评指正。

编　者

目 录

项目 1 电动机的认识与维护

学习目标

本项目主要通过对电动机的认识和维护使用，介绍直流电动机和三相异步电动机的原理、结构、机械特性、启动、制动和调速；了解拆装工艺、维修方法及正确使用方法，能够对定子绕组的首尾端进行判别；实践并掌握异步电动机的拆卸、装配及定子绕组维修的方法。

电机与电气控制项目教程

任务 1　三相笼型异步电动机的拆卸和装配

任务描述

为了对电动机进行维护和保养，及时修理电动机故障，电动机的拆卸与装配是电工需要具备的一项基本技能，是电动机检查、清洗、修理的必要步骤，如果拆装不当，把零部件及装配位置弄错，将会给拆装造成困难。因此，了解并掌握电动机的正确拆卸与装配步骤和方法，对日常使用电动机大有好处。

知识链接

1.1　直流电动机

1.1.1　直流电动机的用途与分类

1. 直流电动机的用途

把机械能转变为直流电能的电动机是直流发电机；反之，把直流电能转变为机械能的电动机是直流电动机。

在电动机的发展史上，直流电动机出现得较早，它的电源是电池，后来才出现了交流电动机。当出现了三相交流电以后，三相交流电动机得到迅速的发展。但是，迄今为止，工业领域里仍有使用直流电动机的情况，这是由于直流电动机具有以下突出的优点：

（1）调速范围广，易于平滑调速。

（2）启动、制动和过载转矩大。

（3）易于控制，可靠性较高。

直流电动机多用于对调速要求较高的生产机械上，如轧钢机、电车、电气铁道牵引、挖掘机械、纺织机械等。

直流发电机可用来作为直流电动机以及交流发电机的励磁直流电源。

直流电动机的主要缺点是换向问题，它限制了直流电动机的极限容量，又增加了维护的难度和工作量。但是，由于利用了晶闸管整流电源，使直流电动机的应用增加了一个有利因素。目前，使用直流电动机的场合也较多。

2. 直流电动机的分类

按照直流电动机主磁场的不同，一般可分为两大类：一类是由永磁铁作为主磁极；而另一类则采用给主磁极绕组通入直流电的方式产生主磁场。后一类按照主磁极绕组和电枢绕组接线方式的不同，通常可分为他励式和自励式两种，自励式又可分为并励、串励、复励等。

1）永久磁铁为主磁极的直流电动机

这种永磁电动机过去常用于录音机、录像机等所需功率很小、机械精度要求高的设备中。

　　2）他励电动机

　　他励电动机的励磁电流由其他的直流电源供电，它与电枢绕组互不相连，如图 1-1 所示。他励电动机的励磁电流由励磁电源电压 U_L 及串联的调节电阻 RP 的大小决定，调节电阻 RP 可以调节励磁电流从而引起主磁通的变化。

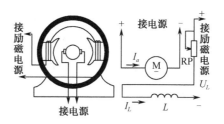

图 1-1　他励电动机的接线图

　　3）自励电动机

　　自励电动机的励磁绕组不需要独立的励磁电源，按励磁绕组连接方式的不同可分为以下 3 种。

　　（1）并励电动机　励磁绕组与电枢绕组并联，利用调节电阻调节励磁电流。它的特点是励磁绕组匝数多，导线截面较小，励磁电流值占电枢电流值的一小部分。图 1-2 所示是并励电动机的接线图。

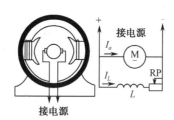

图 1-2　并励电动机的接线图

　　（2）串励电动机　励磁绕组与电枢绕组串联，因此，励磁绕组的电流大小与电枢绕组的电流大小相等，它的特点是励磁绕组匝数少，导线截面积较大，励磁绕组上的电压降很小，如图 1-3 所示。

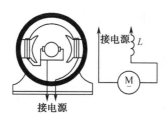

图 1-3　串励电动机的接线图

　　（3）复励电动机　主磁极上有两个励磁绕组，一个与电枢绕组并联；另一个与电枢绕组串联，如图 1-4 所示。当两个绕组产生的磁通方向一致时，称为积复励电动机；反之，称为差复励电动机。

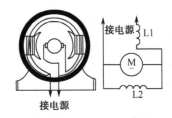

图 1-4　复励电动机的接线图

不同的励磁方式会产生不同的电动机输出特性，从而可适用于不同的场合。

1.1.2　直流电动机的原理与结构

图 1-5 所示为直流发电机模型，它包括静止的主磁极 N、S，可以转动的线圈 *abcd*，线圈两端分别装有两个互相绝缘的换向片 1、2，固定不动的电刷 3、4，随着线圈的转动，电刷 3、4 轮流与换向片 1、2 分别相连接，并通过电刷连接负载。

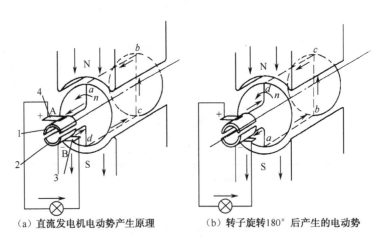

（a）直流发电机电动势产生原理　　　　（b）转子旋转180°后产生的电动势

1、2—换向片；3、4—电刷

图 1-5　直流发电机模型

1．直流发电机的工作原理

根据电磁感应原理，导体在磁场内做切割磁力线的运动时，在导体中就有感应电动势产生。用外力转动直流发电机的转子，使线圈以转速 *n* 逆时针方向旋转，切割主极磁场，在线圈 *abcd* 内就会产生感应电动势，其方向可以用右手定则判定：在导体 *ab* 上，电动势方向由 *b* 指向 *a*，在导体 *cd* 上，电动势方向由 *d* 指向 *c*；当线圈转过 180° 时，导体 *ab* 和 *cd* 互换了位置，导体 *ab* 的电动势方向变成由 *a* 指向 *b*，导体 *cd* 的电动势方向则由 *c* 指向 *d*；当线圈逆时针再转过 180° 时，线圈又回到如图 1-5 所示的位置，导体中的电动势方向又成为原来的方向。

线圈每旋转一周，线圈 *abcd* 中所产生的感应电动势的方向就交变两次，由此可见，在直流发电机内部，线圈中产生的感应电动势是交变电动势。

2．直流电动机的工作原理

直流电动机是根据通电导体在磁场内受力而运动的原理制成的。在如图 1-5 所示的直流发电机模型中，电刷 4、3 两端加上直流电压，线圈 abcd 内便有电流通过，如果电刷 4 接电源的正极、电刷 3 接电源的负极，导体 ab 在 N 极下方，电流方向从 a 流向 b，导体 cd 在 S 极下方，电流方向从 c 到 d，通电导体 ab 和 cd 将受到电磁力的作用，用左手定则可以判断电磁力的方向，电磁力和转子半径的乘积即为电磁转矩，电动机就能转动起来。

电枢转动以后，导体 ab 和 cd 在磁极中交换位置，在换向器的作用下，使与它们相连的电刷也同时改变，这样进入 N 极下方的导体的电流方向总是流入的，进入 S 极下方的导体的电流方向总是流出的，从而保证了电动机产生的电磁力矩始终不变，电枢沿着逆时针方向一直转动下去。

由此可以归纳出直流电动机的工作原理：直流电动机在外加电压的作用下，在导体中形成电流，载流导体在磁场中将受到电磁力的作用，由于换向器的换向作用，导体进入异性磁极时，导体中的电流方向也随之改变，从而保证了电磁转矩的方向不变，使直流电动机能连续旋转，把直流电能转换成机械能输出。

直流电动机的运行是可逆的。当它作为发电机运行时，外加转矩拖动转子旋转，线圈产生感应电动势，接通负载以后提供电流，从而将机械能转换成电能。当它作为电动机运行时，通电的线圈在磁场中受力，产生电磁转矩并拖动机械负载转动，从而将电能变成机械能。

3．直流电动机的结构

直流电动机的形式是多种多样的，图 1-6 为国产 Z2 系列直流电动机的剖面图。由图可见，直流电动机的所有部件可以分为固定的和转动的两大部分。固定不动的部分称为定子，转动部分称为转子。定子与转子之间应留有一定的空气隙，一般小型电动机的气隙为 0.7～5 mm，大型电动机为 5～10 mm。

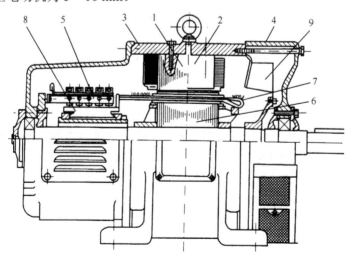

1—主磁极；2—换向磁极；3—机座；4—端盖；5—电刷装置；6—电枢铁心；7—电枢绕组；8—换向器；9—风扇

图 1-6 国产 Z2 系列直流电动机的剖面图

下面介绍定子、转子中各主要部件的构造和作用。

1）定子部分

直流电动机定子的主要作用是产生主磁场和作为机械的支撑。定子包括机座、主磁极、换向磁极、端盖和轴承等。电刷装置也固定在定子上。

（1）机座。机座有两方面的作用：一方面起导磁作用，作为电动机磁路的一部分；另一方面起支撑作用，用来安装主磁极、换向磁极，并通过端盖支撑转子部分。机座一般用导磁性能较好的铸钢件或钢板焊接而成，也可直接用无缝钢管加工而成。

（2）主磁极。主磁极用来产生电动机工作的主磁场，它由主磁极铁心和励磁绕组组成，如图1-7所示。

主磁极铁心为电动机磁路的一部分，为了减少涡流损耗，一般采用厚1～1.5 mm的钢板冲制后叠装制成，用铆钉铆紧称为一个整体。

目前，常采用晶闸管整流电源作为直流电动机的直流电源，晶闸管整流电源一般是通过单相或三相交流电整流获得，它输出的电压、电流并不是纯直流，还含有一定的交流谐波。这就给直流电动机带来了换向困难、损耗增加、噪声大、振动剧烈等问题。为了减少交流谐波在主磁极和机座中造成的涡流损耗，采用0.5 mm厚的表面有绝缘层的硅钢片制作主磁极和定子磁轭，Z4系列直流电动机就是这样设计的。主磁极绕组的作用是通入直流电产生励磁磁场，小型电动机用电磁线绕制，大型电动机则用扁铜线绕制。绕组经绝缘处理后，套在主磁极铁心上，整个主磁极再用螺栓紧固在机座上。

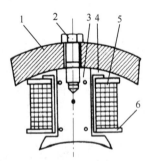

1—机座；2—主磁极螺钉；3—主磁极铁心；4—框架；5—主磁极绕组；6—绝缘垫衬

图1-7　主磁极结构

（3）换向磁极。换向磁极是位于两个主磁极之间的小磁极，又称附加磁极。其作用是产生换向磁场，改善电动机的换向。它由换向磁极铁心和换向磁极绕组组成。

换向磁极铁心一般用整块钢或钢板制成。在大型电动机和用晶闸管供电的功率较大的电动机中，为了更好地改善电动机的换向，换向磁极铁心通常采用硅钢片叠片结构。换向磁极绕组制作和主磁极绕组一样，先套装在换向磁极铁心上，后固定在机座上。换向磁极绕组应当与电枢绕组串联，并且极性不得反接。小型直流电动机换向过程较为简单，一般不用换向磁极。

（4）电刷装置。电刷装置的作用是通过电刷与换向器的滑动接触，把电枢绕组中的电动势引导至外电路，或把外电路的电压、电流引入电枢绕阻。电刷装置由电刷、刷握、刷杆、刷杆座和压力弹簧等组成，如图1-8所示。

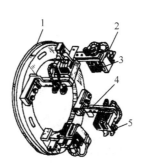

1—刷杆座；2—刷握；3—电刷；4—刷杆；5—压力弹簧

图 1-8　电刷装置

电刷要有较好的导电性和耐磨性，一般采用石墨粉压制而成，电刷放在刷握中的刷盒内，利用压力弹簧把电刷压在换向器上，刷握固定在刷杆上，借助铜丝辫把电流从电刷引到刷杆上，再由导线连接到接线盒中的接线端子上。通常，刷杆是用绝缘材料制作而成的，刷杆固定在刷杆座上，成为一个相互绝缘的部件。

2）转子部分

转子通称电枢，它是产生感应电动势、电流、电磁转矩，实现能量转换的部件。它由电枢铁心、电枢绕组、换向器、风扇和转轴等组成，如图 1-9 所示。

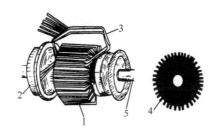

1—电枢铁心；2—换向器；3—电枢绕组；4—铁心冲片；5—转轴

图 1-9　电枢

（1）电枢铁心。电枢铁心是直流电动机主磁路的一部分，在铁心槽中嵌放电枢绕组。电枢转动时，铁心中的磁通方向不断变化，会产生涡流和磁滞损耗。为了减少损耗，电枢铁心一般采用 0.5 mm 厚的表面有绝缘层的硅钢片叠压而成。图 1-9 中的 4 是铁心冲片，铁心外圆周均匀开槽用于嵌放电枢绕组，轴向有轴孔和通风孔。

（2）电枢绕组。电枢绕组的作用是通过电流产生感应电动势和电磁转矩实现能量转换。电枢绕组通常用圆形或矩形的绝缘导线绕制而成。再按一定的规律嵌放在电枢铁心槽内，利用绝缘材料进行电枢绕组和铁心之间的绝缘处理。并对电枢绕组采取紧固措施，以防止旋转时被离心力抛出。

（3）换向器。换向器的作用是将电枢的交流电动势和电流转换成电刷间的直流电动势和电流，从而保证所有导体上产生的转矩方向一致。换向器结构如图 1-10 所示。

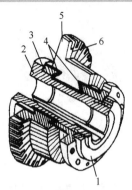

1—螺旋压圈；2—换向器套筒；3—V 形压圈；4—V 形云母环；5—换向铜片；6—云母片

图 1-10　换向器结构（装配式）

换向器由许多特殊形状的梯形铜片和起绝缘作用的云母片间隔叠成圆筒形，凸起的一端称为升高片，用来与电枢绕组的端头相连；下面有燕尾槽，利用换向器套筒、V 形压圈及螺旋压圈将换向片及云母片紧固成一个整体；在换向片与套筒、压圈之间用 V 形云母环绝缘，最后将换向器压在转轴上，这属于装配式。在中、小型直流电动机中常用的是整体式，它把铜片热压在塑料基体上，成为一个整体。

（4）转轴。转轴的作用是用来传递转矩的，为使电动机能够可靠地运行，转轴一般用合金钢锻压加工而成。

（5）风扇。风扇用来降低运行中电动机的温度。

1.1.3　直流电动机的铭牌、型号和额定值

1）铭牌

在直流电动机的外壳上都有一块铭牌，它提供了电动机在正常运行时的额定数据和其相关内容，以便用户正确使用直流电动机。直流电动机铭牌举例说明如下：

直流电机		
标准编号		
型号 Z3-31	1.1 kW	110 V
13.45 A	1 500 r/min	励磁方式　他励
励磁电压　100 V		励磁电流　0.713 A
绝缘等级　B	定额　S1	质量　59 kg
出品编号		出品日期　1990 年　月
××电机厂		

2）型号

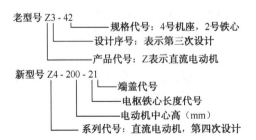

3）额定值

（1）额定功率 P_N：指电动机在正常工作时的输出功率。对发电机来讲，是指输出的电功率 $P_N = U_N I_N$；对电动机来讲，是指轴上输出的机械功率 $P_N = U_N I_N \eta_N$，单位为 kW。式中，η_N 为额定效率。

（2）额定电压 U_N：指正常工作时电动机出线端的电压值，单位为 V 或 kV。

（3）额定电流 I_N：电动机对应于额定电压运行时的电流值，单位为 A。

（4）额定转速 n_N：指电动机在额定电压和额定负载时的旋转速度，单位为 r/min。

（5）励磁方式：电动机的励磁方式决定了励磁绕组和电动机绕组的接线关系，有他励、并励、串励、复励等。

（6）额定励磁电压 U_f：它是指加在励磁绕组两端的额定电压，单位为 V。

（7）额定励磁电流 I_f：它是指电动机在额定电压运行时所需要的励磁电流，单位为 A。

（8）定额（工作方式）：电动机在额定状态运行时能持续工作的时间和顺序。电动机定额分为连续、短时和断续 3 种，分别用 S1、S2、S3 表示。

① 连续定额（S1）表示电动机在额定工作状态可以长期连续运行。

② 短时定额（S2）表示电动机在额定工作状态时，只能在规定时间内运行，我国规定的短期运行有 10 min、30 min、60 min 及 90 min 四种。

③ 断续定额（S3）表示电动机运行一段时间后，就要停止一段时间，只能周期性地重复运行，每一周期为 10 min。我国规定的负载持续率有 15%、25%、40%、60%四种。例如，当持续率在 25%时，2.5 min 为工作时间，7.5 min 为停车时间。

（9）温升：电动机各发热部分的温度与周围冷却介质温度之差称为温升。

（10）绝缘等级：电动机各绝缘部分所用的绝缘材料的等级。

1.2 三相异步电动机

1.2.1 异步电动机的用途和分类

交流电动机主要分为异步电动机和同步电动机两类，两者的工作原理和运行性能差别很大。同步电动机的转速与定子电源的频率成确定的比例，异步电动机的转速虽然也与定子电源频率有很大关系，但两者没有确定的比例关系。异步电动机特别三相异步电动机的应用非常广泛，大部分的生产机械、家用电器都用异步电动机作原动机。它的单机容量从几十瓦到几千瓦。我国总用电量的 2/3 左右是用来运行异步电动机的。

异步电动机特别是笼型异步电动机能得到广泛应用主要是由于它的结构简单、运行可靠、价格便宜、没有火花和维护简单，且由于交流电源可直接来自电网，用电方便、经济，所以异步电动机在大多数领域已逐步替代直流电动机，成为电力拖动中使用最广泛的动力装置。

1.2.2 三相异步电动机的原理与结构

1. 三相异步电动机的基本工作原理

在异步电动机的定子铁心里嵌放着对称的三相绕组 $U_1 U_2$、$V_1 V_2$、$W_1 W_2$，转子是一个

闭合的多相绕组笼型电动机,如图 1-11 所示。图 1-11 中定子、转子上的小圆圈表示定子绕组和转子导体。

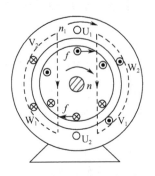

图 1-11 电动机的工作原理

当异步电动机定子三相对称绕组中通入三相对称交流电时,就会产生一个转数为 n_1 的旋转磁场,当定子绕组中通入 U、V、W 相序的三相电流时,产生圆形旋转磁场;转子是静止的,转子与旋转磁场之间有相对运动,转子导体因切割定子磁场而产生感应电动势。转子绕组自身闭合,故转子绕组内有电流流通,转子载流导体在磁场中受到电磁力的作用,从而形成电磁转矩,驱使电动机转子转动。异步电动机的转速恒小于旋转磁场转速 n_1,因只有这样,转子绕组才能产生电磁转矩,使电动机旋转。如果 $n=n_1$,转子绕组与定子磁场之间便无相对运动,则转子绕组中无感应电动势和感应电流产生,可见 $n<n_1$ 是电动机工作的必要条件。因为电动机的转子电流是通过电磁感应作用产生的,所以称为感应电动机。又由于电动机转速 n 与旋转磁场 n_1 不同步,故又称为异步电动机。

2.三相异步电动机的结构

三相异步电动机在结构上主要由两大部分组成,即静止部分和转动部分。静止部分称为定子,转动部分称为转子。定子、转子之间有一定的空气隙,称为气隙。此外,还有机座、端座、轴承、接线盒、风扇等其他部分。异步电动机根据转子绕组的不同结构形式,可分为笼型(鼠笼型)和绕线型两种。图 1-12 所示为笼型异步电动机的结构。

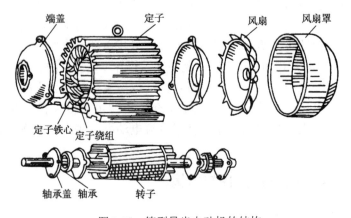

图 1-12 笼型异步电动机的结构

1）定子

定子的作用是用来产生旋转磁场的，主要由定子铁心、定子绕组和机座三部分组成。

定子铁心是电动机磁路的一部分，为减少铁心损耗，一般由 0.5 mm 厚的导磁性能较好的硅钢片叠装而成，安放在机座内部。定子铁心叠片冲有嵌入绕组的槽，故又称为冲片。中小型电动机的定子铁心和转子铁心都采用整圆冲片，如图 1-13 所示。大型电动机常将扇形冲片拼成一个圆。定子绕组是电动机的电路部分，其作用是通入三相交流电后产生旋转磁场。它是用高强度漆包线绕制成固定形式的线圈，嵌入定子槽内，再按照一定的接线规律，相互连接而成。三相异步电动机的定子绕组通常有六根引出线头，根据电动机的容量和工作需要可选择星形联结或三角形联结接法。

机座的作用是固定和支撑定子铁心及端盖，因此，机座应有较好的机械强度和刚度。中小型电动机一般采用铸铁机座，大型电动机的机座则用钢板焊接而成。

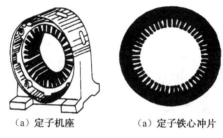

（a）定子机座　　　　　　（a）定子铁心冲片

图 1-13　异步电动机的定子机座与定子铁心

2）转子

转子是异步电动机的转动部分，它在定子绕组所产生的旋转磁场的作用下产生感应电流，形成电磁转矩，通过联轴器或带轮带动其他机械设备做功，主要由转子铁心、转子绕组和转轴三部分组成。整个转子靠端盖和轴承支撑。

转子铁心是电动机磁路的一部分，一般也用 0.5 mm 厚的硅钢片叠装而成。转子铁心叠片冲有嵌放绕组的槽，如图 1-14 所示。转子铁心固定在转轴或转子支架上。

异步电动机的转子绕组分为笼型转子和绕线转子两种。

图 1-14　转子铁心冲片

（1）笼型转子：在转子铁心的每一个槽中插入一根裸导条，在铁心两端分别用两个短路环把导条连接成一个整体，形成一个自身闭合的多相短路绕组。如果去掉铁心，绕组的外形就像一个"鼠笼"，如图 1-15 所示，所以称为笼型转子。其构成的电动机称为笼型异步电动机。中小型电动机的笼型转子一般采用铸铝材料，如图 1-15（b）所示；大型电动机则

采用铜导条，如图 1-15（a）所示。

（a）大型电动机　　　　　　　　　　（b）中小型电动机

图 1-15　笼型转子

（2）绕线转子：绕线转子绕组与定子绕组相似，它在绕线转子铁心的槽内嵌有绝缘导线组成的三相绕组，一般作星形联结，三个端头分别接在与转轴绝缘的三个滑环上，再经一套电刷引出来与外电路相连，如图 1-16 所示。

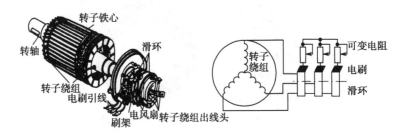

（a）绕线转子　　　　　　　　　　（b）绕线转子回路接线示意图

图 1-16　绕线转子

绕线转子电动机在转子回路中可以串联电阻，若仅用于启动，为减少电刷的摩擦损耗，绕线转子中还装有电刷装置。

（3）转轴：转轴一般采用中碳钢制作而成。转子铁心套在转轴上，它支撑着转子，使转子能在定子内腔中均匀地旋转。转轴的轴伸端上有键槽，通过键槽，联轴器和生产机械相连，传导三相电动机的输出转矩，整个转子依靠轴承和端盖支撑，端盖一般采用铸铁或钢板制成，它是电动机外壳机座的一部分，中小型电动机一般采用带轴承的端盖。

3）气隙

感应电动机的气隙是均匀的。气隙的大小对异步电动机的运行性能和参数影响较大。励磁电流由电网供给，气隙越大，励磁电流也就越大，而励磁电流又属于无功性质，它影响电网的功率因数。气隙过小，则将引起装配困难，并导致运行不稳定。因此，感应电动机的气隙大小往往为机械条件所能允许达到的最小数值，中小型电动机一般为 0.1～1 mm。

1.2.3　三相异步电动机的铭牌和额定值

1. 铭牌

电动机产品型号是为了便于设计、制造、使用等部门进行业务联系和简化技术文件中产品名称、规格、形式等叙述而引用的一种代号。

三相异步电动机的产品型号是由汉语拼音大写字母和阿拉伯数字组成的。其中主要包

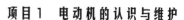

括产品代号、设计序号、规格代号和特殊环境代号等。产品代号表示电动机的类型，用大写汉语拼音字母表示，如 Y 表示电动机，T 表示同步电动机。设计序号表示电动机的设计顺序，用阿拉伯数字表示。规格代号用中心长度、机座长度、铁心长度、功率、电压或转速表示。特殊环境代号详见有关电动机手册。异步电动机铭牌举例说明如下：

三相异步电动机				
型　　号 Y90S-4B	编　号 ——		△	Y
额定功率 1.1kW	额定电流 2.7A		Z_1 X_1 Y_1	Z_1 X_1 Y_1
额定电压 380V	额定转速 1400r/min			
防护等级 IP44	L_W 61 dB(A)			
工作方式 S_1	绝缘等级 B	额定频率 50Hz		
接　　法 Y	重　量 21kg		A_1 B_1 C_1	A_1 B_1 C_1
ZBK22007-88	生产日期			
×××电机厂				

2．额定值

额定值是电动机使用和维修的依据，是电动机制造厂对电动机在额定工作条件下长期工作而不至于损坏所规定的一个量值，是电动机铭牌上标出的数据。

现将铭牌额定数据解释如下。

1）额定电压 U_N

额定电压指在额定状态下运行时规定加在电动机定子绕组上的线电压值，单位为 V 或 kV。

2）额定电流 I_N

额定电流指在额定状态下运行时流入电动机定子绕组中的线电流值，单位为 A 或 kA。

3）额定功率 P_N

额定功率指电动机在额定状态下运行时转轴上输出的机械功率，单位为 W 或 kW。对于三相感应电动机，其额定功率为：

$$P_N = \sqrt{3} U_N I_N \eta_N \cos\varphi_N$$

式中　η_N——电动机的额定效率；

　　　$\cos\varphi_N$——电动机的额定功率因数；

　　　U_N——额定电压；

　　　I_N——额定电流；

　　　P_N——电动机的额定输出功率。

4）额定频率 f_N

额定频率指在额定状态下运行时电动机定子侧电压的频率，单位为 Hz。我国电网 f_N=50Hz。

5）额定转速 n_N

额定转递指额定状态下运行时电动机的转数，单位为 r/min。

6）绝缘等级及升温

电动机的绝缘等级取决于所用绝缘材料的耐热等级，按材料的耐热有 A、E、B、F、H 五种常见的规格，最高允许温度也逐渐升高。

3．接线

在额定电压下运行时，电动机定子三相绕组每相有两个端头，三相共六个端头，可以接成三角形联结和星形联结，一定按铭牌指示操作，否则电动机不能正常运行，甚至烧毁。

例如，一台相绕组能承受 220 V 电压的三相异步电动机，铭牌上额定电压标有"220 V/380 V，△/Y 联结"，这时需采用什么联结方式视电源电压而定。若电源电压为 220 V，则三角形联结；若电源电压为 380 V，则星形联结。这两种情况下，每相绕组实际上都只承受 220 V 电压。

国产 Y 型系列电动机接线端的首端用 U_1、V_1，W_1 表示，末端用 U_2、V_2、W_2 表示，其星形、三角形联结如图 1-17 所示。

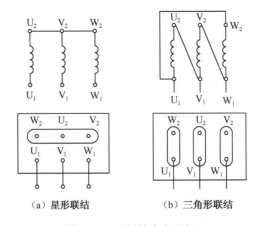

（a）星形联结　　　　（b）三角形联结

图 1-17　三相异步电动机

4．电动机的保护等级

电动机外壳防护等级是用字母"IP"和其后面的两位数字表示的。"IP"为国际防护的缩写。IP 后面第一位数字代表第一种防护形式（防尘）的等级，共分 0～6 七个等级，第二个数字代表第二种防护形式（防水）的等级，共分 0～8 九个等级。数字越大，表示防护的能力越强。例如，IP44 标志电动机能防护大于 1 mm 固体物入内，同时防溅水入内。

1.2.4　三相异步电动机的合成磁场

1．三相异步电动机的合成磁场

三相绕组在铁心中摆放的空间互差 120°电角度，而绕组中又分别流过三相交流电流，各相电流在时间相位上又互差 120°，三相对称电流波形和两极电动机定子绕组示意图如图 1-18 所示。每相绕组以一匝代表，如 U_1U_2、V_1V_2、W_1W_2。设 U_1、V_1、W_1 为线圈首端，U_2、V_2、W_2 为线圈尾端。规定电流瞬时值为正时，电流从绕组首端流入，从尾端流出；电流瞬时值为负时，电流从绕组尾端流入，从首端流出。电流的流入端用符号 ⊕ 表示，流出端用 ⊙ 表示。

三相对称绕组通入三相对称交流电时，便产生一个旋转磁。下面选取各相电流出现最大值的几个瞬间进行分析。在图 1-18 中，当 $\omega t=0°$ 时，U 相电流为零；W 相电流为正，电流从首端 W_1 流入，用 ⊕ 表示，从末端 W_2 流出，用 ⊙ 表示；V 相电流为负，因此电流均从绕组的末端流入，首端流出，故末端 V_2 应填上 ⊕，首端 V_1 应填上 ⊙，如图 1-18（a）所示。从图 1-18 中可见，合成磁场的轴线正好位于 U 相绕组的轴线上。

当 $\omega t=90°$ 时，U 相电流为正的最大值，因此，U 相电流从首端 U_1 流入，用 ⊕ 表示，从末端 U_2 流出，用 ⊙ 表示；V 相电流为负，则 V_1 端流出电流，用 ⊙ 表示，而 V2 端流入电流，用 ⊕ 表示；W 相电流为负，则 W_1 端流出电流，用 ⊙ 表示，而 W_2 端流入电流，用 ⊕ 表示，如图 1-18（b）所示。由图 1-18 中可见，此时合成磁场的轴线正好位于 V 相绕组的轴线上，磁场方向已从 $\omega t=0°$ 时的位置沿顺时针方向旋转了 120°。

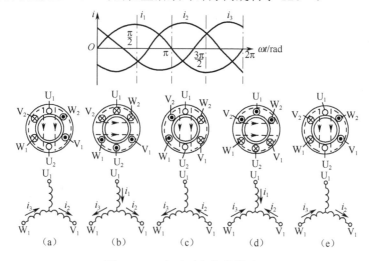

图 1-18 三相电动机的旋转磁场

当 $\omega t=180°$，$\omega t=270°$ 和 $\omega t=360°$ 时，合成磁场的位置分别如图 1-18（c）、（d）、（e）所示。当 $\omega t=360°$ 时，合成磁场的轴线正好位于 U 相绕组的轴线上，磁场方向从起始位置逆时针方向旋转了 360°，即电流变化一个周期，合成磁场旋转一周。

1）旋转磁场方向

由此可见，三相对称绕组通入三相对称交流电所形成的磁场为一个圆形旋转磁场。旋转的方向由三相对称绕组中流过的三相对称交流电的相序决定。上述例子合成磁场顺时针旋转，即从 U→V→W，正好和电流出现正的最大值的顺序相同，即由电流超前相转向电流滞后相。

如果三相绕组通入负序电流，则电流出现正的最大值的顺序是 U→W→V。通过图解法分析可知，旋转磁场的旋转方向也为 U→W→V。

三相异步电动机的定子绕组的旋转磁场是由三个在时间和空间互差 120° 电角度的单相绕组产生的磁通所合成的圆形旋转磁场。当在单相绕组中通入单相正弦交流电时，产生的磁通势将是空间位置固定、幅值随时间做正弦变化的脉振磁通势。

如图 1-18（a）所示，假设在单向交流电的正半周时，电流从单相定子绕组的左半侧流入，从右半侧流出，则由电流产生的磁场如图所示，该磁场的大小随电流的大小而变化，方向则保持不变，当电流为零时磁场也为零。当电流变为负半周时，则产生的磁场方向也随之发生变化，如图 1-18（c）所示。由此可见，单相异步电动机定子绕组通入单相交流电时，产生的磁场大小及方向在不断变化，但磁场的轴线却固定不变，把这种磁场称为脉动磁场。

由于磁场只是脉动而不旋转，因此单相异步电动机的转子如果原来静止不动，则在脉动磁场的作用下，转子导体因与磁场之间没有相对运动，而不产生感应电动势和电流，也就不存在电磁力的作用，因此转子仍然静止不动，即单相异步电动机没有启动转矩，不能自行启动。这是单相异步电动机的一个主要缺点。如果用外力去拨动一下电动机的转子，则转子导体就切割定子脉动磁场，从而有电动势和电流产生，并将在磁场中受到力的作用，与三相异步电动机转动原理一样，转子将顺着拨动的方向转动起来，因此要使单相异步电动机具有实际使用价值，就必须解决电动机的启动问题。单相异步电动机常用的启动方法一般可分为电容分相式、电阻分相式和罩极式。

2）旋转磁场转速

三相对称绕组中通入三相对称电流产生圆形旋转磁场，其转速为同步转速 n_1：

$$n_1 = \frac{60f_1}{p}$$

式中 f_1——定子所通交流电的频率（Hz）；

  p——电动机极对数。

2．转差率

同步转速 n_1 与转子转速 n 之差（$n_1 - n$）再与同步转速 n_1 的比值称为转差率，用字母 s 表示，即

$$s = \frac{n_1 - n}{n_1}$$

转差率 s 是异步电动机的一个基本物理量，它反映异步电动机的各种情况。对感应电动机而言，当转子尚未转动（如启动瞬间）时，$n=0$，此时转差率 $s=1$；当转子转速接近同步转数（空载运行）时，$n=n_1$，此时转差率 $s=0$，由此可见，作为感应电动机，转速在 $0 \sim n_1$ 范围内变化，其转差率 s 在 $0 \sim 1$ 范围内变化。

异步电动机负载越大，转速就越慢，其转差率就越大；反之，负载越小，转速就越快，其转差率就越小，故转差率直接反映了转子转速的快慢或电动机负载大小。异步电动机的转速由上式推算得出，即

$$n = (1-s)n_1$$

在正常运行范围内，转差率的数值很小，一般在 0.01～0.06 之间，即感应电动机的转速很接近同步转速。

3．异步电动机的三种运行状态

异步电动机的转差率 s 在 0～1 范围内变化。根据转差率的大小和正负，可得出异步电

动机有三种运行状态。

1）电动机运行状态

如上所述，当定子绕组接至电源，转子就会在电磁转矩的驱动下旋转，电磁转矩为驱动转矩，其转向与磁场方向相同，如图 1-19（b）所示，此时电动机从电网取得电功率转变成机械功率，由转轴传输给负载。电动机的转速范围为 $n_1 > n > 0$，其转差率范围为 $0 < s < 1$。

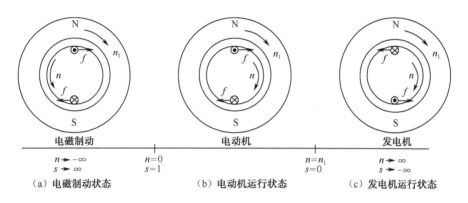

图 1-19　异步电动机的三种运行状态

2）发电机运行状态

异步电动机定子绕组仍接至电源，该电动机的转轴不再接机械负载，而用一台原动机拖动异步电动机的转子以大于同步转速（$n > n_1$）并顺旋转磁场方向旋转，如图 1-19（c）所示，显然，此时电磁转矩方向与转子转向相反，起制动作用，为制动转矩。为克服电磁转矩的制动作用而使转子继续旋转，并保证 $n > n_1$，电动机必须不断从原动机获得机械功率，把机械功率转变为输出的电功率，因此成为发电机的运行状态，此时，$n > n_1$，则转差率 $s < 0$。

3）电磁制动状态

异步电动机定子绕组仍接至电源，如果用外力拖动电动机逆着旋转磁场的旋转方向转动，如图 1-19（a）所示，则此时电磁转矩与电动机旋转方向相反，起制动作用。电动机定子仍从电网吸收电功率，同时转子从外力吸收机械功率，这两部分功率都在电动机内部以损耗的方式转化成热能消耗掉。这种运行状态称为电磁制动状态，n 为负值（即 $n < 0$），且转差率 $s > 1$。

由此可知，区分这三种运行状态的依据是转差率 s 的大小：当 $0 < s < 1$ 时，为电动机运行状态；当 $-\infty < s < 0$，为发电机运行状态；当 $1 < s < \infty$ 时，为电磁制动状态。

综上所述，感应电动机可以作为电动机运行，也可以作为发电机运行或进行电磁制动。一般情况下，感应电动机多作为电动机运行，感应发电机很少使用，电磁制动则是感应电动机在完成某一生产过程中出现的短时运行状态。例如，起重机放重物时，为了安全平稳，需限制放下速度，此时感应电动机应短时处于电磁制动状态。

项目实践 1　三相异步电动机的拆装

1．功能分析

三相异步电动机又称感应电动机，具有结构简单、制造容易、坚固耐用、维修方便、成本较低、价格便宜等一系列优点，因此，被广泛应用在工业、农业、国防、航天、科研、建筑、交通以及人们的日常生活中。三相异步电动机的基本结构是由固定不动的部分（定子）和转动部分（转子）以及其他零部件组成的。

2．控制方案

1）电动机的拆卸

（1）拆除电动机的所有引线。

（2）拆卸皮带轮或联轴器。

（3）拆卸前轴承端盖；拆卸风罩、风扇。

（4）拆卸轴承外盖。

（5）拆卸后端盖。

（6）抽出转子。

（7）拆卸前、后轴承和前、后轴承内盖。

当电动机容量很小或电动机端盖与机座配合很紧不易拆卸时，可考虑用如下步骤拆卸：

（1）拆下风罩、风扇。

（2）拆下前轴承端盖上的螺钉，取下前轴承外盖。

（3）拆下后端盖紧固螺栓，用木锤（在轴的前端垫上硬木）敲打，使后端盖与机座脱离。

（4）把后端盖连同转子一同抽出机座。

（5）拆下前端盖紧固螺钉，用长方木或软金属条穿过定子铁心，顶住前端盖外沿，把前端盖敲出。

2）电动机的装配

（1）定子部分

① 绕制定子线圈。

② 嵌线。

③ 封槽口。

④ 绕组的绝缘浸漆与烘干处理。

（2）安放转子

① 加装端盖。

② 装风扇和风罩。

③ 接好引线，接好线盒及铭牌。

（3）通电试车

① 绝缘电阻的测量（相间绝缘，绕组对地绝缘）。

② 绝缘耐压试验。

③ 空载运转试验。

3．实训设备和器材

（1）小型笼型三相异步电动机。

（2）工具：万用表、钳形电流表、兆欧表、转速表、锤子、撬棍、厚木板、钢管、拉具、套管、钢条、铜条、螺钉旋具、汽油、刷子、干布、绝缘胶布、演草纸、圆珠笔、劳保用品等。

4．实施方法与步骤

1）电动机的拆卸方法

（1）带轮或联轴器的拆卸。

首先用石笔或粉笔标记带轮或联轴器与轴配合的原位置，以备安装时照原位置安装，如图 1-20（a）所示。取下联轴器或带轮的定位螺钉或定位销子，装上拉具（拉具有两脚和三脚两种），丝杆顶端要对准电动机轴的中心，如图 1-20（b）所示。用扳手旋转丝杆，使带轮或联轴器慢慢地脱离转轴，如图 1-20（c）所示，如果带轮或联轴器因时间较长锈死或太紧，不易拉下时，可在定位螺孔内注入螺栓松动剂，如图 1-20（d）所示，等待数分钟后再拉。若仍拉不下来，可用喷灯将带轮或联轴器四周稍稍加热，使其膨胀时拉出。注意加热的温度不宜过高，以防转轴变形。拆卸过程中，手锤最好尽可能减少直接重击带轮或联轴器，以免带轮碎裂损坏电动机转轴。

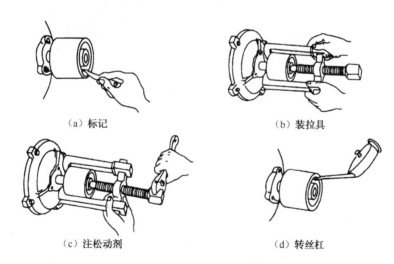

（a）标记　（b）装拉具　（c）注松动剂　（d）转丝杠

图 1-20　带轮或联轴器的拆卸

（2）拆卸轴承盖和端盖。

用扳手旋下固定端盖的螺钉和固定轴承盖的螺钉，拆下轴承外盖，如图 1-21（a）所示。将较大的螺钉旋具（或找大小适宜的旋凿）插入螺钉盘的根部，把端盖按对角线一先一后地向外扳手撬，注意不要把螺钉旋具插入电动机内，以免把线包撬伤，拆卸过程如图 1-21（b）所示。

（3）拆卸轴承。

根据轴承的大小，选好适宜的拉具。拉具的脚爪应紧扣在轴承的内圈上，丝杆顶点要对准转轴的中心，扳转丝杆要慢，用力要均匀，如图 1-22（a）所示。也可用方铁棒或铜棒拆卸：在轴承内圈四周的相对两侧轮流均匀敲打，不可偏敲一边，用力要均匀，如图 1-22（b）所示。

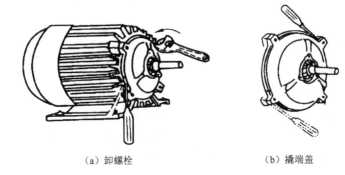

（a）卸螺栓　　　　　　　　　　　　（b）撬端盖

图 1-21　电动机端盖的拆卸

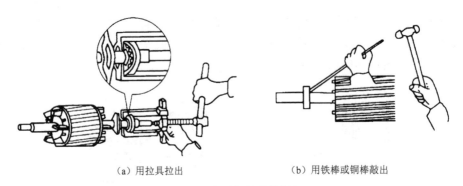

（a）用拉具拉出　　　　　　　　　　（b）用铁棒或铜棒敲出

图 1-22　电动机轴承的拆卸

（4）抽出转子。

把电动机端盖拆掉后，便可进行转子的拆卸。拆卸时，一人抬住转轴一端，另一人抬住转轴另一端，如图 1-23（a）所示。然后渐渐地把转子往外移出电动机外壳，在移出时，要避免转轴压伤定子线包，操作方法如图 1-23（b）所示。

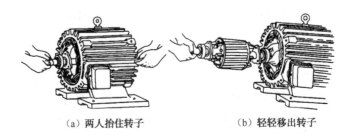

（a）两人抬住转子　　　　　　　　　（b）轻轻移出转子

图 1-23　电动机转子的拆卸

2）电动机的装配方法

三相异步电动机修理后的装配顺序，大致与拆卸时相反。装配时要注意拆卸时的一些标记，尽量按原记号复位。装配的顺序如下：安装滚动轴承—安装后端盖—安装转子—安装前端盖—安装风扇和带轮。

（1）安装滚动轴承。

① 用炼油将轴承盖及轴承清洗干净，然后察看轴承有无裂纹，再用手旋转轴承外圈，看其运动是否灵活、均匀，噪声是否较大，如果感觉不是太好，应更换。

② 将轴颈部位擦干净，套上清洗干净并已加润滑脂的内轴承盖。

③ 电动机轴承的安装可用敲打法。把轴承套到轴上，对准轴颈，用一段内径略大于轴颈的直径、外径略大于轴承内圈外径的铁管，一端顶在轴承的内圈上，另一端用手锤敲，把轴承敲进去，如图 1-24（a）所示。另一种方法是用铁条顶住电动机轴承的内圈，对称地、轻轻地敲击，轴承也能水平地套入转轴，操作方法如图 1-24（b）所示。

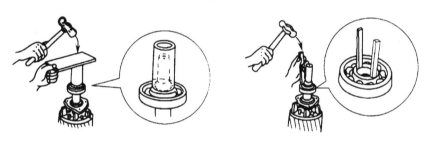

（a）用铁管敲打　　　　　　　　　　（b）用铁条敲打

图 1-24　电动机轴承的安装

（2）安装后端盖。

将轴伸端朝下垂直放置，在其端面上垫上木块，将后端盖套在后轴承上，用木锤敲打到位。接着安装轴承外盖，外盖的槽内同样添加润滑脂。用螺栓连接轴承内、外盖并紧固。

（3）安装转子。

把转子对准定子孔中心，然后沿着定子圆周的中心线缓缓向定子里送，不得碰擦定子绕组。当端盖与机座合拢时，将端盖与机座间的位置标记对齐，然后装上端盖螺栓并旋紧。

（4）安装前端盖。

将后端盖的标记与机座标记对齐，用木锤均匀敲击端盖四周，待端盖与机座合拢后，装上端盖螺栓，按对角线逐步拧紧。注意不可以一次将一只螺栓拧紧后再拧另一只，操作方法如图 1-25 所示。先旋 1 和 4 螺栓，然后旋 2 和 3 螺栓，再旋 1 和 4。依照此方法，逐步将螺栓旋紧。安装前轴承外盖之前，先用一根穿心钢丝其一头与轴承内盖螺纹相配，穿过端盖，拧在轴承内盖的任一螺孔上，然后将前轴承外盖套入轴颈并将钢丝穿入任一螺孔。外盖与端盖合拢后，调整内、外盖及端盖的三个孔在同一条中心线上，拧上螺栓。取出穿心钢丝，将其余螺栓依次穿入并旋紧。

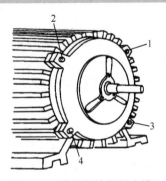

图 1-25　端盖螺栓紧固方法

（5）检查转子。

用手转动转轴，检查转子转动是否灵活、均匀，有无停滞或偏重现象。

（6）带轮或联轴器的安装。

首先用细砂纸把电动机转轴的表面打磨光滑，如图 1-26（a）所示。然后对准键槽，把带轮或联轴器套在转轴上，如图 1-26（b）所示。用铁块垫在带轮或联轴器前端，然后用手锤适当敲击，从而将带轮或联轴器套进电动机轴上，如图 1-26（c）所示。最后使键进入槽内，如图 1-26（d）所示。

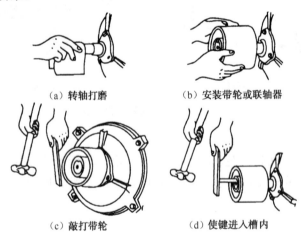

（a）转轴打磨　　　　　　（b）安装带轮或联轴器

（c）敲打带轮　　　　　　（d）使键进入槽内

图 1-26　带轮或联轴器的安装

3）填写训练记录

在进行项目训练的过程中，将主要部件的拆卸与装配操作的顺序和使用的工具及操作要点填入表 1-1 和表 1-2 中。

表 1-1　拆装顺序表

顺序号	部件名称	结论
1		
2		
3		
4		
5		

表 1-2 主要部件训练记录表

主要名称	记录内容		结论
	使用工具		
	操作要点		

4）通电试车方法

（1）一般检查。检查所有紧固件是否拧紧；转子转动是否灵活，轴伸端有无径向偏摆；用万用表检查电动机绕组的通断情况。

（2）测量绝缘电阻。测量电动机定子绕组每两相绕组之间的绝缘电阻和每相绕组与机壳的绝缘电阻，其绝缘电阻值不能小于 0.5 MΩ。

（3）测量电流。经上述检查合格后，安装好接地线。根据铭牌规定的电流、电压，正确接通电源，用钳形电流表分别测量三相电流，检查电流是否在规定的范围（空载电流约为额定电流的 1/3）之内；三相电流是否平衡。

（4）通电观察。上述检查合格后可进行通电观察，用转速表测量转速是否均匀，是否符合规定要求；机壳是否过热；轴承有无异常声音发出。

知识拓展 1 异步电动机的故障检测与维修方法

异步电动机的常见故障与维修方法如下。

1．不能启动

1）产生原因
（1）定子绕组相间短路、接地以及定、转子绕组短路；
（2）定子绕组接线错误；
（3）负载过重；
（4）轴承损坏或有异物卡住。

2）处理方法
（1）查找断路、短路、接地的部位，进行修复；
（2）查看定子绕组接线，加以纠正；
（3）减轻负载；
（4）更换轴承或清除异物。

2．启动后无力、转速较低

1）产生原因
（1）定子绕组短路；
（2）定子绕组接线错误；
（3）笼型转子断条或端环断裂；
（4）绕线型转子绕组一相断路；
（5）绕线型集电环或电刷接触不良。

2）处理方法

（1）查找断路的部位，进行修复；

（2）检查定子绕组接线，加以纠正；

（3）更换铸铝转子或更换、补焊铜条与端环；

（4）查找断路处，进行修复；

（5）清理或修理集电环，调整电刷压力或更换电刷。

3．运转声音不正常

1）产生原因

（1）定子绕组局部断路或接地；

（2）定子绕组接线错误；

（3）定、转子绕组相摩擦；

（4）轴承损坏或润滑油干涸。

2）处理方法

（1）查找断路或接地的部位，进行修复；

（2）检查定子绕组接线，加以纠正；

（3）检查定、转子相摩擦的原因及铁心是否松动，并进行修复；

（4）更换轴承或润滑油。

4．过热或冒烟

1）产生原因

（1）电动机过载；

（2）电源电压较电动机的额定电压过高或过低；

（3）定子铁心部分硅钢片之间绝缘不良或有毛刺；

（4）由于转子在运转时和定子相摩擦致使定子局部过热；

（5）电动机的通风不好；

（6）电动机周围环境温度过高；

（7）定子绕组有短路或接地故障；

（8）重绕线圈后的电动机接线错误或绕制线圈时匝数错误；

（9）运转中的电动机一相断路，如电源断一相或电动机绕组断一相。

2）处理方法

（1）降低负载或换一台容量较大的电动机；

（2）调整电源电压，允许波动范围为±5%；

（3）拆开电动机检修定子铁心；

（4）拆开电动机，抽出转子，检查铁心是否变形，轴是否弯曲，端盖是否过松，轴承是否磨损；

（5）应检查风扇旋转方向，风扇是否脱落，通风孔道是否堵塞；

（6）应换以 B 级或 F 级绝缘的电动机或采用管道通风；

（7）拆开电动机，抽出转子，用电桥测量各相绕组或各线圈的直流电阻，或用兆欧表测量对机壳的绝缘电阻，局部或全部更换线圈；

（8）按正确接法检查或改正；

（9）分别检查电源和电动机绕组。

5．三相电流不平衡

1）产生原因

（1）三相电源电压不平衡；

（2）定子绕组有部分线圈短路，同时线圈局部过热；

（3）更换定子绕组后，部分线圈匝数有错误；

（4）更换定子绕组后，部分线圈之间接线有错误。

2）处理方法

（1）用电压表测量电源电压；

（2）用电流表测量三相电流或用手检查过热的线圈；

（3）可用双臂电桥测量各相绕组的直流电阻；

（4）应按正确的接线方法改正接线。

6．空载损耗变大

1）产生原因

（1）滚动轴承的装配不良，润滑脂的牌号不适合或装得过多；

（2）滑动轴承与转轴之间的摩擦阻力过大；

（3）电动机的风扇或通风管道有故障。

2）处理方法

（1）检查滚动轴承的情况；

（2）应检查轴颈和轴承的表面粗糙度、间隙及润滑油的情况；

（3）检查电动机的风扇或通风管道的情况。

7．绕线型电动机集电环火花过大

1）产生原因

（1）集电环上有污垢杂物；

（2）电刷型号或尺寸不符合要求；

（3）电刷的压力太小、电刷握内卡住或放置不正。

2）处理方法

（1）清除污垢杂物，灼痕严重或凹凸不平时应进行表面机械加工；

（2）更换合适的电刷；

（3）调整电刷压力，更换大小适当的电刷或把电刷放正。

8．外壳带电

1）产生原因

（1）接地不良；

（2）绕组绝缘损坏；

（3）绕组受潮；

（4）接线板损坏或污垢太多。

2）处理方法

（1）检查故障原因，并采取相应的措施；

（2）检查绝缘损毁的部位，进行修复，并进行绝缘处理；

（3）测量绕组绝缘电阻，如阻值太低，应进行干燥处理或绝缘处理；

（4）清理或更换接线板。

任务2　三相笼型异步电动机定子绕组首尾端判别与更换

任务描述

在维修电动机时，常常会遇到接线端标记已丢失或标记模糊不清，从而无法辨识的情况。这种情况的出现，可能给电动机的运转带来严重的后果，如定子绕组发热、转子不转、转速降低、三相电流不平衡，甚至会烧断熔体或烧毁定子绕组等，需对定子绕组进行更换。为了正确接线，就必须重新确定定子绕组的首尾端。

知识链接

1.3　直流电动机的电力拖动系统

1.3.1　直流电动机的负载特性

电力拖动系统是指由电动机及其转轴上拖动的负载两部分组成的整体。电力拖动系统的负载就是电动机转轴上拖动的机械负载（包括传动机构）。拖动系统的运行状况除受电动机的机械特性影响外，也与负载的转矩特性有关（系统稳定运行时，电动机的输出由负载决定）。负载的转矩特性是指电力拖动系统的旋转速度 n 与负载转矩 T_L 的函数曲线关系，大体上可以归纳为以下几种类型。

1．恒转矩负载特性

恒转矩负载特性，是指负载转矩 T_L 的大小与转速 n 的高低无关，即当转速 n 变化时 T_L 的绝对值等于常数。

根据转矩与运动方向的关系，可将恒转矩负载特性分为反抗性负载转矩与位能性负载转矩。

1）反抗性负载转矩

反抗性负载转矩又称摩擦转矩，其特点是转矩的大小不变，方向恒与运动方向相反。运动方向改变，负载转矩的方向也随着改变。因为它总是阻碍运动，反抗性负载转矩与转速取相同的符号，即 n 为正方向时，T_L 为正，特性曲线在第一象限；n 为负方向时，T_L 为负，特性曲线在第三象限。

2）位能性负载转矩

位能性负载转矩是由物体的重力或弹性体的压缩、拉伸等作用所产生的负载转矩。其特点是除了转矩的大小不变外，转矩的方向也恒定不变，与运动方向无关。

2．通风机负载特性

这一类型的机械是按离心原理工作的，其负载转矩 T_L 与 n 的平方成正比，即

$$T_L = cn^2$$

式中，c 为比例常数。

3．恒功率负载特性

这类机械的负载功率恒定不变，功率为

$$P_L = T_L \Omega = T_L \frac{2\pi n}{60} = \frac{T_L n}{9.55} = \frac{K}{9.55} = K_1$$

式中，K_1 为常数；P_L 为负载功率。

转矩与转速成反比，即

$$T_L = K/n$$

负载功率 P 不随转速 n 变化，负载转矩 T_L 与转速 n 成反比。

1.3.2　直流电动机的机械特性

他励直流电动机的机械特性是指电动机加上一定的电压 U 和一定的励磁电流 I_f 时，电磁转矩与转速之间的关系，即 $n=f(T)$。为了推导机械特性的一般公式，在电枢回路中串入另一电阻 R。

他励直流电动机的 3 个基本方程式如下。

电磁转矩方程式：

$$T_{em} = C_T \Phi I_a \tag{1-1}$$

感应电势方程式：

$$E = C_e \Phi n \tag{1-2}$$

电枢回路电压平衡方程式：

$$U = E + I_a(R_a + R) \tag{1-3}$$

将式（1-2）代入式（1-3）得电动机的机械特性表达式为：

$$n = \frac{U - I_a(R_a + R)}{C_e \Phi}$$

上式为电动机的转矩特性表达式，它表明转速 n 与电枢的电流 I_a 之间的关系。由电磁转矩

方程式可求得 $I_a = \dfrac{T_{em}}{C_T \Phi}$，将其代入上述公式中，可得机械特性表达式：

$$n = \frac{U}{C_e \Phi} - \frac{R_a + R}{C_e C_T \Phi^2} T_{em} = n_0 - \beta T_{em}$$

式中，$n_0 = \dfrac{U}{C_e \Phi}$，称为理想空载转速；$\beta = \dfrac{R_a + R}{C_e C_T \Phi^2}$，是机械特性的斜率；$C_e$ 是电势常数，$C_e = \dfrac{p_N}{60a}$；C_T 是转矩常数 $C_T = \dfrac{p_N}{2\pi a}$。

C_T 与 C_e 之间的关系为

$$C_T = 9.55 C_e$$

1．固有机械特性

当电枢两端加额定电压、气隙每级磁通量为额定值、电枢回路不串电阻时，有

$$U = U_N \qquad \Phi = \Phi_N \qquad R = 0$$

这种情况下的机械特性称为固有机械特性，如图 1-27 所示。其表达式为

$$n = \frac{U_N}{C_e \Phi_N} - \frac{R_a}{C_e C_T \Phi_N^2} T_{em}$$

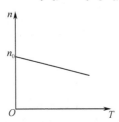

图 1-27　他励直流电动机的固有特性

2．人为机械特性

他励直流电动机的参数如电压、励磁电流、电枢回路电阻大小等改变后，其机械特性称为人为机械特性。主要人为机械特性有三种。

1）电枢回阻串电阻的人为机械特性

电枢加额定电压 U_N，每级磁通量为额定值 Φ_N，电枢回路串入电阻 R 后，机械特性表达式为

$$n = \frac{U_N}{C_e \Phi_N} - \frac{R_a + R}{C_e C_T \Phi_N^2} T_{em}$$

电枢串入电阻（R）值不同时的人为机械特性如图 1-28 中①所示。

显然，理想空载转速 n_0 与固有机械特性相同，斜率与电枢回路电阻有关，串入的阻值越大，斜率越大，人为机械特性曲线越倾斜。

2）改变电枢电压的人为机械特性

保持每级磁通量为额定值不变，电枢回路不串电阻，只改变电枢电压时，机械特性表达式为

$$n = \frac{U}{C_e\Phi_N} - \frac{R_a}{C_e C_T \Phi_N^2} T_{em}$$

电压 U 的绝对值大小不能比额定值高，否则绝缘将承受不住，所以只能是降低电压。降低电枢电压时的人为机械特性如图1-28中②所示。

显然，U 不同，理想空载转速随之变化，并成正比关系。但是，斜率都与固有机械特性斜率相同，因此，各条特性曲线彼此平行。

3）改变磁通量的人为机械特性

改变磁通量的方法是用减小励磁电流来实现的。电动机磁路接近于饱和，增大每级磁通量是难以做到的，改变磁通量，都是减少磁通量。

电枢电压为额定值不变，电枢回路不串电阻，仅改变磁通量时人为机械特性表达式为

$$n = \frac{U_N}{C_e\Phi} - \frac{R_a}{C_e C_T \Phi^2} T_{em}$$

显然，理想空载转速增加，斜率变大，Φ 越低，特性曲线越倾斜，如图 1-28 中③所示。

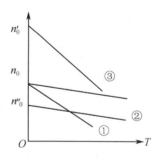

图1-28 人为机械特性曲线

1.3.3 直流电动机的调速

1. 改变电枢电压调速

在其他参数不变的条件下，改变电枢电压 U，使空载转速 n_0 改变，可以得到不同空载转速 n_0 的平行直线。

改变电枢电压调速的特点如下。

（1）改变电枢电压调速时，机械特性的斜率不变，所以调速的稳定性好。

（2）电压可做连续变化，调速的平滑性好，调速范围广。

（3）属于恒转矩调速，电动机不允许电压超过额定值，只能从额定电压向下降低电压调速，即只能减速。

（4）电源设备投资费用较大，但电能消耗较小，效率高。还可用于降压启动。

2. 改变电枢回路电阻调速

在其他参数不变的条件下，改变电枢回路串联电阻，使特性曲线的斜率改变，而空载

转速 n_0 保持不变。在负载相同的情况下，串入不同的电枢电阻所对应的转速是不同的。

应该注意，启动变阻器不能作为调速变阻器使用，因为启动变阻器只能用于短时间的工作，调速变阻器可以作为启动变阻器使用。

串联电阻调速方法的特点如下：

（1）设备简单，投资少，只需增加电阻和切换开关，操作方便。在小功率电动机中用得较多，如电气机车等。

（2）属于恒转矩调速方式，转速只能由额定转速向下调节。

（3）只能分级调速，调速平滑性差。

（4）低速时，机械特性很软，转速受负载影响变化大，电能损耗大，经济性能差。

目前，此种方式已逐步被晶闸管可调直流电源调速代替。

3．改变励磁电路电阻调速

在其他参数不变的条件下，减少主磁通 Φ，会使空载转速 n_0 增大；同时，特性曲线的斜率也增大，对应不同的主磁通 Φ，可以得到不同空载转速 n_0 与不同斜率的特性曲线。

这种调速方法的特点如下：

（1）由于调速是在励磁回路中进行，功率较小，故能量损失小，控制方便。

（2）速度变化比较平滑，但转速只能往上调，不能在额定转速以下调节，故往往只能与前两种调速方法结合使用，作为辅助调速。

（3）调速的范围较窄，在磁通量减少太多时，由于电枢磁场对主磁场的影响加大，会使电动机火花增大、换向困难。转速提高时需考虑到机械强度的影响，最高转速一般控制在 1.2 倍额定转速的范围内。

（4）在减少主磁通调速时，如果负载转矩不变，电枢电流必然增大，因为 $T = C_T \Phi I_a$，因此要防止电流过大带来的问题，如发热、打火等。

1.3.4 直流电动机调速的允许输出与负载的配合

1．电动机调速时的允许输出

电动机稳定运行时的输出功率和轴上的输出转矩是由负载和电动机共同决定的，为了保证电动机长期工作而不损坏，其最大输出不能超过允许的极限值。但是，在采用不同的方法调速时，电动机允许的输出要发生变化。在选择调速方案时，必须考虑允许输出的变化，使电动机在整个调速范围内得到最充分、最合理的利用。

电动机调速时的允许输出功率或转矩主要决定于电动机的发热，而发热又取决于电枢电流。在调速过程中，只要在不同的转速下，电枢电流不超过 I_N，电动机长期工作就不会过热。若在不同的转速下，电枢电流刚好等于 I_N，则电动机被充分利用，所对应的输出功率和输出转矩也就是允许输出的极限值。现在就三种调速方法分别讨论其最大输出功率和输出转矩。

1）电枢串电阻调速和减压调速

电枢串电阻调速和减压调速时，磁通量为额定磁通量，若保持额定电流不变，则对应的电磁转矩和电磁功率分别为

$$T_{em} = C_T \Phi_N I_N = T_N$$

$$P_{em} = \frac{T_{em}n}{9.55} = \frac{T_N n}{9.55} \propto n$$

式中，T_N 为额定电磁转矩，调速过程中保持不变。

由以上可见，采用电枢串电阻调速和减压调速时，不论电动机在什么转速下工作，允许输出的转矩为额定转矩，不随转速改变，因此称为恒转矩调速。而允许输出的功率则与转速成正比，随转速下降而减小。

2）弱磁调速

弱磁调速时，若保持额定电流不变，则 Φ 与 n 之间有下列关系：

$$\Phi = \frac{U_N - I_N R_a}{C_e n} = \frac{E_{aN}}{C_e n}$$

由此求出不同转速时的电磁转矩和电磁功率分别为

$$T_{em} = C_T \Phi I_N = C_T \frac{E_{aN}}{C_e n} I_N = 9.55 \frac{P_{emN}}{n}$$

式中，$P_{emN} = E_{aN} I_N$ 为额定电磁功率，调速过程中保持不变。

$$P_{em} = \frac{T_{em}n}{9.55} = P_{emN}$$

可见，弱磁调速时，允许输出转矩与转速成反比，随转速升高而减小。而允许输出功率则为额定功率，不随转速变化，故称为恒功率调速。

2. 调速方法与负载的配合

电动机的实际输出由不同转速下负载转矩与负载功率特性及 $P_L = f(n)$ 来决定，这样就存在一个调速方法与负载类型的配合问题。若配合恰当，则在整个调速范围内，既可使电动机的输出能力得到充分利用，又不会使电动机过载。

1）恒转矩调速

若对恒转矩负载用恒转矩调速，使 $T_N = T_L = $ 常数，$n_N = n_{max}$。电动机在任何转速时 $I_a = I_N$，电动机的输出能力得到了充分利用。

若将恒转矩调速用于恒功率负载上，电动机的功率是负载功率的 20～100 倍。当转速升高时，负载转矩减小，必然使电枢电流减小，显然这样的配合使电动机得不到充分利用，造成浪费。

2）恒功率调速

由于他励直流电动机恒功率调速是采用弱磁调速方法，用恒功率调速方法拖动恒功率负载，在弱磁调速时，磁通量与转速成反比，因输出功率一定，转矩也与转速成反比。这样在调速范围内，电枢电流可始终保持额定值，电动机得到了充分利用。

用恒功率调速方式拖动恒转矩负载，电动机的额定转矩比实际负载转矩大得多，因此造成不必要的浪费。

1.4 三相异步电动机的电力拖动系统

1.4.1 三相异步电动机的基本方程式

1. 功率平衡方程

定子从电源输入的电功率为 P_1，P_1 中的一小部分功率将消耗在定子绕组的电阻上，称为定子铜耗 p_{Cu1}，另一部分将消耗于定子铁心上，称为铁耗 p_{Fe}，余下的有功功率则通过气隙旋转磁场传递给转子，这部分功率称为电磁功率 P_{em}。而电磁功率一部分消耗在转子绕组电阻上，称为转子铜耗 p_{Cu2}；余下的部分为电动机的总机械功率 P_m。电磁功率、转子铜耗和总机械功率之间的关系为 $P_{em}:p_{Cu2}:P_m=1:s:(1-s)$

由上式可见，转子铜耗等于转差率 s 乘以电磁功率，故称为转差功率。转差率 s 越大，电磁功率中将有更多的部分变为转子铜耗。总机械功率 P_m 扣除因电动机旋转而产生的机械摩擦损耗 p_m 以及成因比较复杂的杂散损耗 p_{ad} 以后，就是电动机轴上输出的机械功率 P_2，额定状态时为 P_N。

2. 电磁转矩的计算公式

为了进一步说明电磁转矩的本质，可从等效电路来推导它的物理表达式和参数表达式。

1）电磁转矩的物理表达式

$$T_{em}=\frac{P_{em}}{\Omega_1}=\frac{m_1 E_2' I_2' \cos\varphi_2}{\Omega_1}$$

$$=\frac{pm_1}{2\pi f_1}4.44 f_1 N_1 K_{w1}\Phi_m I_2' \cos\varphi_2$$

$$=C_T \Phi_m I_2' \cos\varphi_2$$

式中，$\Omega_1=2\pi n_1/60=2\pi f_1/p$；$C_T$ 为异步电动机的电磁转矩系数，$C_T=pm_1 N_1 K_{w1}\sqrt{2}$。对于已制造好的电动机，$C_T$ 为常数。

上式表明，电磁转矩的大小与主磁通及转子的电流的有功分量 $I_2'\cos\varphi_2$ 的乘积成正比。即电磁转矩是由气隙磁场与转子电流有功分量共同作用产生的。上式主要用于定性分析异步电动机电磁转矩的大小。

2）电磁转矩的参数表达式

当需要用表达式来定量分析电磁转矩大小时，就要采用电磁转矩的参数表达式：

$$T_{em}=\frac{P_{em}}{\Omega_1}=\frac{1}{\Omega_1}m_1 I_2'^2\frac{R_2'}{s}=\frac{1}{\Omega_1}\frac{m_1 U_1^2 \dfrac{R_2'}{s}}{(R_1+\dfrac{R_2'}{s})^2+(x_{\sigma1}+x_{\sigma2}')^2}$$

该式表明当外施电源 U_1 额定、电动机参数一定时，电磁转矩 T_{em} 仅与转差率 s 有关。T_{em} 与 s 的关系曲线表示的就是异步电动机的机械特性曲线。

1.4.2　三相异步电动机的机械特性

1．固有机械特性

异步电动机的固有机械特性是指 $U_1 = U_{1N}$，$f_1 = f_N$，定子绕组按规定方式连接，定子和转子电路中不外接电阻等其他电路元件时得到的机械特性。固有机械特性的方程式为

$$T_{em} = \frac{m_1 p U_1^2}{2\pi f_1} \frac{R_2'/s}{(R_1 + R_2'/s)^2 + (x_{\sigma 1} + x_{\sigma 2}')^2}$$

其固有特性如图 1-29 所示。以下对固有特性进行分析。

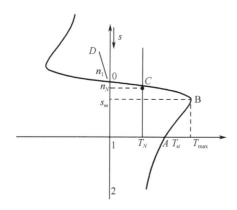

图 1-29　三相异步电动机的特性曲线

1）稳定运行区域

D—B 部分（转矩由 $0 \sim T_{max}$，转差率由 $0 \sim s_m$）。这一部分为电动机的稳定工作部分，特性曲线为一条直线。T_{em} 与 s 近似成正比，s 增大，T_{em} 增大，只要负载转矩小于电动机的最大转矩 T_{max}，电动机就能在该区域内稳定运行。

B—A 部分（转矩由 $T_{max} \sim T_{st}$，转差率由 $s_m \sim 1$）。在这部分，s 增大，转速减小，转矩也随着减小，该区域为异步电动机的非稳定工作段，其特性为一曲线。

2）理想空载点 D

此时 $n = n_1$，$s = 0$，电磁转矩 $T_{em} = 0$，转子电流 $I_2 = 0$，定子电流 $I_1 = I_0$（I_0 为励磁电流）。

3）额定运行点 C

当 $s = s_N$ 时，得到电磁转矩 $T_{em} = T_N$。

4）最大转矩点 B

在特性曲线上有两个最大转矩，最大转矩对应的转差率称为临界转差率，可令 $\dfrac{\mathrm{d}T_{em}}{\mathrm{d}s} = 0$ 求得最大转矩 T_{max} 和临界转差率 s_m。

$$s_m = \pm \frac{R_2'}{\sqrt{R_1^2 + (X_1 + X_2')^2}}$$

$$T_{\max} = \pm \frac{m_1 p U_1^2}{4\pi f_1 \left[\pm R_1 + \sqrt{R_1^2 + (X_1 + X_2')^2} \right]}$$

由上式可见：

（1）当 f_1 及参数一定时，最大转矩与外施电压 U_1^2 成正比，与极对数 p 成正比。

（2）最大转矩 $T_{\max}$ 与电动机转子电阻 R_2' 大小无关，当忽略 R_1 时，最大转矩 $T_{\max}$ 随着频率增加而减小，且正比于 U_1^2 / f_1。

（3）临界转差率 s_m 正比于转子电阻 R_2'，与外施电压 U_1 无关。

当电动机稳定运行时，为不至于因短时过载而停止运转，要求电动机有一定的过载能力。异步电动机的过载能力用最大转矩 $T_{\max}$ 和额定转矩 T_N 之比来表示，称为过载能力倍数，用 λ_m 表示，即

$$\lambda_m = \frac{T_{\max}}{T_N}$$

过载能力倍数 λ_m 是异步电动机的主要性能技术指标。通常异步电动机的过载能力倍数 $\lambda_m = 1.8 \sim 2.2$，起重冶金用电动机的 $\lambda_m = 2.2 \sim 2.8$。

5）启动状态点 D

异步电动机启动时，$s=1$，$T_{em}=T_{st}$，T_{st} 称为启动转矩。将 $s=1$ 代入机械特性表达式，即得

$$T_{st} = \frac{m_1 p U_1^2 R_2'}{2\pi f_1 \left[(R_1 + R_2')^2 + (X_1 + X_2')^2 \right]}$$

上式表明：

（1）当 f_1 和电动机参数一定时，T_{st} 与外施电压 U_1^2 成正比。

（2）启动转矩 T_{st} 与转子电阻 R_2' 大小有关，随着 R_2' 增加启动转矩增大，并有最大值，最大启动转矩等于最大转矩 $T_{\max}$，当 R_2' 继续增加时，启动转矩减小。

异步电动机的启动能力用启动转矩倍数 K_{st} 表示：$K_{st} = \frac{T_{st}}{T_N}$。启动转矩倍数也是笼型异步电动机的重要性能指标之一。启动时，当 T_{st} 大于负载启动转矩 T_L 时，电动机才能启动。

2. 电磁转矩的实用表达式

由于电动机的参数必须通过试验求得，因此在应用现场难以做到，而且在电力拖动系统运行时，往往只需要了解稳定运行范围内的机械特性。此时，可利用产品样本中给出的技术数据（过载能力倍数 λ_m、额定转速 n_N 和额定功率 P_N 等）来得到电磁转矩 T_{em} 和转差率 s 之间的关系式。

忽略 R_1 不计，将 T_{em} 和 $T_{\max}$ 的表达式相除得到：

$$\frac{T_{em}}{T_{\max}} = \frac{2}{\dfrac{s_m}{s} + \dfrac{s}{s_m}}$$

即

$$T_{em} = \frac{2T_{\max}}{\dfrac{s}{s_m} + \dfrac{s_m}{s}}$$

称为机械特性的实用表达式。

又因为 $T_{\max} = \lambda_m T_N$，当电动机工作在额定状态下时有 s_N，将其带入上式得到：

$$\frac{T_N}{T_{\max}} = \frac{2}{\dfrac{s_m}{s_N} + \dfrac{s_N}{s_m}} = \frac{1}{\lambda_m}$$

$$s_m = s_N(\lambda_m + \sqrt{\lambda_m^2 - 1})$$

$$T_N = 9550\frac{P_N}{n_N}$$

所以可求 $T_{em} = f(s)$ 的实用表达式。

3. 人为机械特性

当改变外施电压电源频率、定子极对数及定子、转子电路中的参数中任一个或两个数据时，异步电动机的机械特性就发生了变化，而成为人为机械特性。

机械特性分析：$n = f(T_{em})$ 或 $s = f(T_{em})$

$$参数表达式\quad T_{em} = \frac{P_{em}}{\Omega_1} = \frac{1}{\Omega_1}m_1 I_2'^2 \frac{R_2'}{s} = \frac{p}{2\pi f_1} \frac{m_1 p U_1^2 \dfrac{R_2'}{s}}{(R_1 + \dfrac{R_2'}{s})^2 + (x_{\sigma1} + x_{\sigma2}')^2}$$

1）降低定子电压 U_1 时的人为机械特性

当定子电压 U_1 降低时，电磁转矩与 U_1^2 成正比下降。同步转速保持不变。s_m 不变，最大转矩 $T_{\max}$ 与启动转矩 T_{st} 都随电压平方降低，其特性曲线如图 1-30 所示。

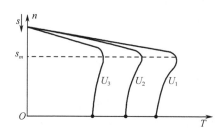

图 1-30　降低电压的人为机械特性曲线

2）转子电路串三相对称电阻时的人为机械特性

此法适用于绕线转子异步电动机。在转子回路内串入三相对称电阻时，同步转速保持不变，s_m 与转子电阻成正比变化，因此，电阻增大时 s_m 增大。最大转矩 $T_{\max}$ 与转子电阻无关，$T_{\max}$ 保持不变，其机械特性曲线如图 1-31 所示。

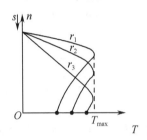

图 1-31　转子串电阻的人为机械特性曲线

3）定子回路串三相对称电阻

因为 $n_1 = \dfrac{60f_1}{p}$ ，所以定子电路串三相对称电阻或电抗后，同步转速 n_1 不变；串入电阻或电抗后的最大转矩 T_{max} 、启动转矩 T_{st} 及临界转差率 s_m 都随电阻增大而减小，如图 1-32 所示。

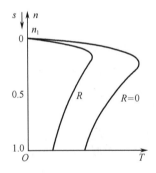

图 1-32　定子串电阻时的人为机械特性曲线

4）改变电源频率 f_1 时的人为机械特性

改变电源频率 f_1 的人为机械特性分以下两种情况讨论。

（1）电源频率 f_1 从 $f_N=50\ \text{Hz}$ 向下调节。

根据 $U_1 \approx E_1 = 4.44 f_1 N_1 K_{w1} \Phi_m$ 可知：

$$\Phi_m = \frac{U_1}{4.44 f_1 N_1 K_{w1}}$$

上式说明，当 f_1 减小时，Φ_m 将增大。因为设计时电动机的额定磁通接近磁路饱和值，如果 Φ_m 增大，则电动机磁路将过饱和，导致励磁电流剧增，功率因数变小，铁损增加，电动机过热，将大大缩短电动机寿命。因此，一般在减小 f_1 的同时也减小电压 U_1，使 Φ_m 基本恒定，此时，其人为机械特性曲线如图 1-33 所示。

改变频率时，机械特性的硬度近似不变，即变频时人为特性曲线与固有特性曲线是平行线。当 U_1/f_1 为常数时，T_{max} 也为常数。这个结论在频率 f_1 较高时，可近似认为是正确的，但是当频率 f_1 较低时，电源电压 U_1 也很低，则此时定子电阻 R_1 的压降不能再忽略，那么 T_{max} 降压下降，即电动机过载能力倍数 λ_m 将要下降。

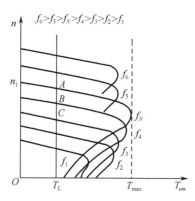

图 1-33　变频时的人为机械特性曲线

（2）电源频率 f_1 从 $f_N = 50\ Hz$ 向上调节。

此时如果仍要保持气隙磁通 $\boldsymbol{\Phi}_m$ 不变，维持 U_1/f_1 为常数，则当 f_1 增大时，U_1 也必然要增大，因而使电压超过额定电压，这是不允许的。因此频率向上调节时，将保持 $U_1 = U_{1N}$ 不变，$\boldsymbol{\Phi}_m$ 将随着减小，最大转矩也随着 f_1 增大而减小。频率调高时人为机械特性曲线如图 1-33 中 f_5 和 f_6 所示。

1.4.3　三相异步电动机的启动

异步电动机启动性能的主要指标是启动转矩倍数 T_{st}/T_N 和启动电流倍数 I_{st}/I_N。在电力拖动系统中，一方面要求电动机具有足够大的启动转矩，使拖动系统能尽快地达到正常运行状态，另一方面要求启动电流不要太大，以免电网产生过大的电压压降，从而影响接在同一电网上其他电力设备的正常运行。此外，还要求所有启动设备尽可能简单、经济、便于操作和维护。

1. 三相笼型异步电动机的启动

1）全压启动

全压启动的方法就是将笼型异步电动机的定子绕组直接接到额定电压的电源上，所以也称做直接启动。

启动时由于电动机漏阻抗较小，所以启动电流很大，可达（4～7）I_N。但启动时，因定子漏阻抗压降很大，约为额定电压的一半，而使定子电动势 E_1 和主磁通 $\boldsymbol{\Phi}_m$ 减小，约为额定值的一半，同时启动时转子功率因数约为 0.2。因此启动时启动转矩很小，$T_{st} = (0.8～1.2)T_N$。

特点：方法简单，主要缺点是启动电流较大。电动机能否采取全压启动，主要取决于电网容量的大小，一般可用下面的经验公式来判断：

$$\frac{I_{st}}{I_N} \leqslant \frac{1}{4}\left[3 + \frac{电源总容量(kV\cdot A)}{启动电动机功率(kW)}\right]$$

一般 10 kW 以下的电动机可采用全压启动，当电网容量足够大，异步电动机的启动使线路端电压下降不超过 5%～10% 时，应尽量采用全压启动。

2）减压启动

若电动机容量较大，启动时负载转矩较小，应采用减压启动。一般用于对启动转矩要求不高的场合，如离心泵、通风机械的驱动电动机等。

鼠笼式三相异步电动机常用减压启动方法，有以下 3 种。

（1）定子串电阻或串电抗减压启动。

定子串电阻或电抗减压启动都能减小启动电流，但大型电动机串电阻启动能耗太大，一般采用串电抗减压启动。这种启动方法，启动电流下降到了 KI_{st}，启动转矩下降到了 K^2T_{st}（$K>1$），因此该方法只适用于轻载启动，如图 1-34 所示。

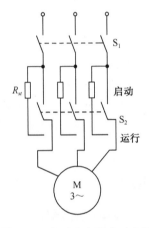

图 1-34　定子串电阻启动电路

（2）定子串自耦变压器减压启动。

利用自耦变压器启动时，电网输入的启动电流将减小到全压启动时的 $1/K_A^2$（$K_A<1$）。由于端电压 U_{2A} 较小为 U_{N1}/K_A，因此启动转矩也减小为全压启动时的 $1/K_A^2$。由于自耦变压器体积大、质量大、价格高，适用于容量较大的电动机或定子绕组为 Y 联结的电动机作降压启动，三次侧有 3 个抽头 80%、60%、40%，有手动及自动控制线路，应用广泛，如图 1-35 所示。

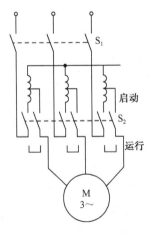

图 1-35　定子串自耦变压器启动电路

（3）Y/△减压启动。

对于正常运行时定子绕组为△联结的电动机，启动时定子绕组改接成 Y 联结，这时加在定子每相绕组上的电压为直接启动时的$1/\sqrt{3}$，可以实现减压启动，由于转矩与电压的平方成正比，因此，Y 联结时启动转矩是△联结时的 1/3。而相电流也将为△联结时的$1/\sqrt{3}$，故 Y 联结时绕组的线电流是△联结时的 1/3。即 Y/△减压启动时的启动电流 I_{st} 和启动转矩 T_{st} 分别为直接启动时的 1/3。

此法的最大优点是所需设备较少，价格低，因此在轻载启动条件下，应优先采用。我国生产的笼型异步电动机，凡功率在 4 kW 及以上者，正常运行时都采用△联结。

2. 三相绕线式异步电动机的启动

绕线式异步电动机的转子三相绕组一般都接成 Y，三个引出线通过三个集电环和电刷引到定子出线盒上，通常可串入外部短接的三相对称电阻等元件来进行启动和调速。

1）转子串电阻启动

当中、大型异步电动机需要重载启动时，可优先选用绕线转子异步电动机。绕线转子电动机串入合适的三相对称电阻后，既能提高启动转矩，又能减小启动电流，转子串入合适的电阻时可使启动转矩等于最大转矩，如图 1-36 所示。

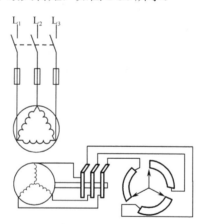

图 1-36　转子串电阻启动的原理图

2）转子回路串频敏变阻器启动

转子回路串电阻启动比较复杂，不但要逐级切除电阻，而且在每次切除电阻的瞬间，启动电流和转矩会突然增大，造成电气和机械冲击。为了克服这个缺点，可采用频敏变阻器接入转子回路启动，如图 1-37 所示。

频敏变阻器实际上是一个三相铁心线圈，其铁心由若干片厚钢板和铁板叠成。一个铁心线圈可以等效为一个电阻和电抗的串联电路。当线圈中流过交流电时，铁心中将产生很大的涡流损耗，等效电阻也就越大。涡流损耗与频率的平方成正比。当电动机刚启动时，转子电流频率最大，而频敏变阻器的涡流损耗和等效电阻也很大，可以有效地限制启动电流，并且使启动转矩增大。启动过程中，随着转速上升，转差率下降，转子频率也下降，于是频敏变阻器的涡流损耗及铁损耗也随着自动减小。启动转矩和启动电流的变化不存在

突变的现象。为了不影响电动机正常工作时的性能，启动过程结束后，应将转子绕组直接短接，切除频敏变阻器。

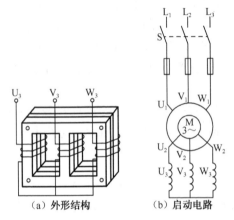

（a）外形结构　　　（b）启动电路

图 1-37　转子串频敏变阻器启动

1.4.4　三相异步电动机的制动

三相异步电动机的制动方法有两类：机械制动和电气制动。机械制动时利用机械装置使电动机从电源切断后迅速停转。它的结构有好几种形式，应用较普遍的是电磁抱闸，主要用于气动机械上吊重物时重物能迅速而又准确地停留在某一位置上。

电气制动使异步电动机产生与电动机的旋转方向相反的电磁转矩（即制动转矩）。电气制动通常可分为能耗制动、反接制动和回馈制动三类。

1. 能耗制动

在断开定子三相对称绕组电源的同时任意两相绕组接通直流电源，产生恒定磁场。转子由于惯性仍然继续沿原方向以转速 n 旋转，切割定子磁场产生感应电动势和感应电流，载流导体在磁场中受电磁力作用，其方向与电动机转动方向相反，因而起到制动作用，制动转矩的大小与直流电流的大小有关。因为能耗制动是将直流电流通入定子绕组而得到的，故通常也叫直流制动。

如果电动机拖动的是反抗性负载，则能够实现准确停车。若带的是位能性负载，则可以某一速度稳定下放负载。

三相笼型异步电动机可通过改变支流电压 U、R 或励磁电流 I_f 的大小，而绕线转子电动机则通过改变 I_f 和转子回路电阻来控制制动转矩的大小。

能耗制动的优点是制动力强、制动较平稳，可使生产机械准确停车，故广泛应用于矿井提升、起重运输及机床等生产机械上。缺点是需要一套专门的直流电流供制动用。

2. 反接制动

反接制动有电源反接制动和倒拉反接制动两种。反接制动前有几个因素必须考虑：是否需要限制最大允许电流，特别是对反复工作的电动机；需要检查所驱动的机械设备，以确保重复的反接制动不会引起机械设备的损坏；当电动机转速降低接近零时就应立即切断电源，否则电动机反转。

1）电源反接制动

反接前，电动机处于正向电动状态，以转速 n 逆时针旋转。电源反接制动时，把定子绕组的两相电源进线对调，同时在转子电路串入制动电阻 R_{ad}。由于电源反接后，旋转磁场的方向改变，但转子的转速和转向由于机械惯性来不及变化，因此转子绕组切割磁场的方向改变，转子感应电动势，电流和转矩也随之改变方向，使 T 与 n 反向，成为制动转矩，电动机便进入反接制动状态。速度迅速从原状态降至 0，待速度 n 接近 0 时应立即切断电源，否则，电动机将反向启动运行。

电源反接制动时，电动机转差率为

$$s = \frac{-n_1 - n}{-n_1} = \frac{n_1 + n}{n_1} > 1$$

显然，转子电路不串电阻时，制动瞬间的制动转矩较小而制动电流很大（将达到额定电流的 10 倍），制动效果不佳。为了限制制动电流，常在三相笼型异步电动机定子电路中串接电阻。对于绕线转子异步电动机，则在转子回路中串接电阻，可使制动转矩提高，同时也减小制动电流。

电源反接制动设备简单，操作方便，制动转矩大，制动强烈。但制动过程中能量损耗较大，在快速制动停车时，若不及时切断电源电动机就可能反转，不易实现停车。电源反接制动适用于要求迅速停车的生产机械，对于要求迅速停车并立即反转的生产机械更为理想。

2）倒拉反接制动

三相异步电动机拖动位能性负载运行时，如果在转子回路内串入较大的电阻，电动机的机械特性曲线由第一象限延伸到第四象限，电动机的转速由正变负，使 T_{em} 与 n 反向，电动机处于电磁制动状态，称为倒拉反接制动。

倒拉反接制动时转差率为

$$s = \frac{n_1 - (-n)}{n_1} = \frac{n_1 + n}{n_1} > 1$$

因此，为了限制转子电流，常在转子回路中串入大电阻。

倒拉反接制动与电源反接制动不同，它是一种能稳定运转的制动状态。这时下放重物的速度不要太快，否则不太安全。改变串入转子电路的电阻值的大小，可获得不同的下放重物的速度。倒拉反接制动适用于电动机拖动位能性负载，由提升重物转为下放重物的系统中，可实现重物低速均匀下放，其特点是设备简单，操作方便，但转速稳定性差，而且能量损耗大。

3. 回馈制动

处于电动工作状态的三相异步电动机，如其转轴受到外加转矩驱动使 $n > n_1$ 时，电动机转子绕组切割旋转磁场的方向将与电动运行状态相反，使得 T_{em} 与 n 反向，电动机处于制动状态。此时转差率 $s = \dfrac{n_1 - n}{n_1} < 0$，电动机非但没有从电源吸取有功功率，反而向电源输出有功功率。电动机处于回馈制动状态。电动机向电源回馈的电能是拖动系统的机械能转换而来的。

1.4.5 三相异步电动机的调速

随着电力电子技术、计算机技术和自动控制技术的迅猛发展，交流电动机调速技术日趋完善，大有取代直流调速的趋势。如在工业应用中，凡是能用直流调速的场合，都能改用交流调速，且在大容量、高转速、高电压以及环境十分恶劣的场所，直流调速不能用的时候都能用交流调速。

从异步电动机的转速公式 $n = (1-s)n_1 = (1-s)\dfrac{60f_1}{p}$，可知，异步电动机的调速方法分为以下三种。

（1）变频调速：改变异步电动机的定子电源频率 f_1 来改变同步转速 n_1 进行调速。

（2）变极调速：改变异步电动机的极对数 p 来改变电动机的同步转速 n_1 进行调速。

（3）变转差率调速：调速过程中保持同步转速不变，改变转差率来进行调速，包括降低电源电压、绕线转子异步电动机转子回路串电阻以及串附加电动势等方法。

1．变频调速

三相异步电动机的同步转速为

$$n_1 = 60f_1 / p \propto f_1$$

因此，改变三相异步电动机的电源频率 f_1，就可以改变旋转磁场的同步转速，达到调速的目的。

三相异步电动机的每相电压为

$$U_1 \approx E_1 = 4.44 f_1 N_1 \Phi K_{w_1}$$

若电源电压 U_1 不变，当降低电源频率 f_1 调速时，则磁通 Φ 将增加，使铁心饱和，从而导致励磁电流和铁损耗的大量增加、电动机温升过高等，这是不允许的。因此在变频调速的同时，为保持磁通 Φ 不变，就必须降低电源电压，使 U_1/f_1 或 E_1/f_1 为常数。

额定频率称为基频，变频调速时，可以从基频向上调，也可以从基频向下调。

1）从基频向下变频调速

降低电源频率时，必须同时降低电源电压，有两种控制方法。

（1）保持 E_1/f_1 为常数。降低电源频率 f_1 时，保持 E_1/f_1 为常数，则 Φ 为常数，是恒磁通控制方式，也称恒转矩调速方式。

降低电源频率 f_1 调速的人为机械特性的特点为：同步速度 n_1 与频率 f_1 成正比；最大转矩 T_{max} 不变；转速降落 $\Delta n =$ 常数，特性斜率不变（与固有机械特性平行）。这种变频调速方法与他励直流电动机降低电源电压调速相似，机械特性较硬，在一定静差率的要求下，调速范围宽，而且稳定性好。由于频率可以连续调节，因此变频调速为无级调速，平滑性好，效率较高。

（2）保持 U_1/f_1 为常数。降低电源频率 f_1，保持 U_1/f_1 为常数，则 Φ 近似为常数，在这种情况下，当降低频率 f_1 时，Δn 不变。但最大转矩 T_{max} 会变小，特别在低频低速时的机械特性会变坏，保持 U_1/f_1 为常数，低频率调速近似为恒转矩调速方式。

2）从基频向上变频调速

升高电源电压（$U>U_N$）是不允许的。因此，升高频率向上调速时，只能保持电压为 $U=U_N$ 不变，频率越高，磁通 Φ 越低，这种方法是一种降低磁通升速的方法，类似他励直流电动机弱磁升速情况。

保持 U_N 不变升速，近似为恒功率调速方式。随着 $f_1\uparrow$，$T_2\downarrow$，$n\uparrow$，而 P_2 近似为常数。

异步电动机变频调速具有良好的调速性能，可与直流电动机媲美。

变频调速由于其调速性能优越，即主要是能平滑调速、调速范围广、效率高，又不受直流电动机换向带来的转速与容量的限制，故已经在很多领域获得广泛应用，如轧钢机、工业水泵、鼓风机、起重机、纺织机、球磨机、化工设备及家用空调器等方面。其主要缺点是系统较复杂、成本较高。

2. 变极调速

在电源频率不变的条件下，改变电动机的极对数，电动机的同步转速就会发生变化，从而改变电动机的转速。若极对数减少一半，同步转速就提高一倍，电动机转速也几乎升高一倍。

通常用改变定子绕组的接法来改变极对数，这种电动机称为多速电动机。其转子均采用鼠笼式转子，其转子感应的极对数能自动与定子相适应。这种电动机在制造时，从定子绕组中抽出一些线头，以便于使用时调换。下面以一相绕组来说明变级原理。先将其两个半相绕组顺向串联，如图 1-38 所示，产生两对磁极。

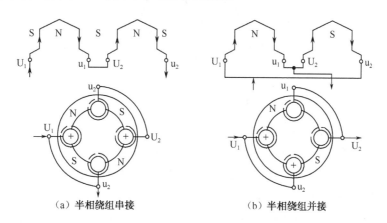

（a）半相绕组串接　　　　　　　　　（b）半相绕组并接

图 1-38　三相异步电动机变极原理

若将 U 相绕组中的一半相绕组反向并联，如图 1-38 所示，产生一对磁极。同步转速增加 2 倍，速度也随之升高。

目前，在我国多极电动机定子绕组连接方式最多有三种，常用的有两种：一种是从星形改成双星形，写做 Y/YY；另一种是从三角形改成双星形，写做 △/YY。这两种接法可使电动机极对数减少一半。在改接绕组时，为了使电动机转向不变，应把绕组的相序改接一下。

变极调速主要用于各种机床及其他设备上。它所需设备简单、体积小、重量轻，但电动机绕组引出头较多，调速级数少，级差大，不能实现无级调速。

3. 改变转差率调速

改变电源电压调速、绕线式转子串电阻调速和串级调速都属于改变转差率调速。这些调速方法的共同特点是在调速过程中都产生大量的转差功率。前两种调速方法都是把转差功率消耗在转子电路里，很不经济，而串级调速则能将转差功率加以吸收或大部分反馈给电网，提高了经济性能。

1）改变电源电压调速

对于转子电阻大、机械特性较软的鼠笼式异步电动机而言，如加在定子绕组上的电压发生改变，则负载 T_L 对应于不同的电源电压 U_1，U_2，U_3，可获得不同的工作点，如图 1-39 所示，显然电动机的调速范围很宽。其缺点是低压时机械特性太软，转速变化大，若带通风机类负载，则调速明显。

改变电源电压调速这种方法主要应用于鼠笼式异步电动机，靠改变转差率 s 调速。过去都采用定子绕组串电抗器来实现，目前以广泛采用晶闸管交流调压线路来实现。

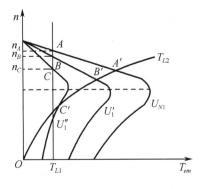

图 1-39　定子减压调速

2）绕线式转子串电阻调速

此法只适用于绕线式异步电动机，与转子回路串电阻启动的情况完全一样，因此启动电阻又可看做调速电阻，但由于启动过程是短暂的，而调速时电动机可能长期在某一转速下运行，因而调速电阻的功率容量比启动电阻大。

这种调速方法的优点是所需设备简单，并可在一定范围内进行调速。缺点是有级调速，且随转速降低特性变软，转子回路电阻损耗与转差率成正比，低速时损耗大，所以此种调速方法大多用在重复短时运转的生产机械中，在起重、运输设备中应用非常广泛。

3）串级调速

串级调速方法是通过在绕线转子异步电动机的转子回路中串接附加电动势来达到调速的目的，这个附加电动势必须与转子电动势同频率，两个电动势相位反相或同相。这种调速方法适合于高电压、大容量绕线转子异步电动机拖动风机、泵负载等调速要求不高的场合。

项目实践2 定子首尾端判别与更换

1. 功能分析

电动机的绕组有 6 个引出端，每个引出端上都表明了各相绕组的符号，如果标记丢失或标错，就会出现首尾反接的情况。因此在 6 个引出端首尾不明的情况下，必须首先查明。若已出现定子绕组烧毁，就必须更换定子绕组。

2. 控制方案

1）定子绕组首尾端的判别

（1）剩磁感应法。

（2）干电池法。

（3）36 V 交流电源法。

2）定子绕组的更换

（1）拆除定子绕组。

（2）嵌线与接线。

（3）浸漆与烘干。

（4）三相异步电动机的检查与电气试验。

3. 实训设备及器材

（1）小型笼型三相异步电动机。

（2）工具：钳子、扳子、剪子、电工刀、螺丝刀、榔头、扁铲、冲子、绕线模、绕线机、放线器、划线板、压脚、打板、电烙铁、拔轮器、轴承拿子、兆欧表、万用表、钳形电流表、千分尺等。

4. 实施方法与步骤

1）定子绕组首尾端的判别

（1）剩磁感应法。

① 首先用万用表"Ω"挡找出每相绕组引出端。

② 给分开后的三相绕组假设编号，分别为 U_1、U_2、V_1、V_2、W_1、W_2。

③ 按图 1-40 所示接线，用手转动电动机的转子。若此时连接在绕组两端的微安表（或万用表的微安挡）指针不动，则说明假设的编号是正确的；若指针摆动，说明假设编号的首尾端有错，应逐相对调重测，直至正确为止。

这种方法，称为剩磁感应法。

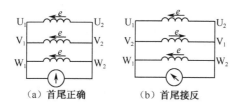

图 1-40 剩磁感应法

（2）干电池法。

① 分开绕组做好假设编号后，按图 1-41 所示接线。

② 合上电池开关瞬间，若微安表（或万用表的微安挡或毫安挡）指针正偏转，则接电池正极的线头与微安表负极所接线头同为首端（或同为尾端）。

③ 照此方法找出第三相绕组的首（或尾）端。

这种方法称为干电池法。

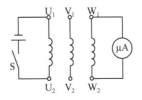

图 1-41　干电池法

（3）36 V 交流电源法。

① 先分清三相绕组，并假设编号。

② 按图 1-42 所示接线。灯泡亮为两端首尾相连，灯泡不亮为首首或尾尾相连。为避免因接触不良造成误判别，当灯泡不亮时，最好对调引出端的接线，再重新测试一次，以灯泡亮为准来判别绕组的首尾端。

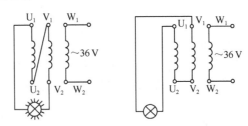

（a）灯亮为首尾相连　　（b）灯不亮为首首或尾尾相连

图 1-42　36 V 交流电源法

③ 同样方法判定 W_1、W_2 两个引出端。电动机定子绕组重绕的步骤包括：记录原始数据；整修定子铁心；制作绝缘材料及槽楔；拆除与绕制线圈；嵌线与接线；浸漆与烘干；电动机装配与试验。

2）拆除定子绕组

（1）拆除方法。

定子绕组的拆除有热拆法和冷拆法两种。

① 通电加热法。将绕组端部各连接线拆开，用调压器及降压变压器在绕组中通入单相低压大电流，待绕组绝缘软化后，切除电源，打出槽楔，迅速拆除绕组。

② 烘箱加热法。将电动机定子铁心和绕组一起放在烘箱中加热数小时，使绝缘软化，再拆除绕组。

③ 冷拆法。先打出槽楔，再将绕组的一个端部切断，然后用工具将绕组从铁心槽中逐步取出。

（2）拆除旧绕组注意事项。

① 要保留一只完整的线圈，以备制作绕线模时参考。

② 应做好铭牌数据、槽数、线圈节距、连接方式、绕组只数、每槽导线匝数、导线并绕根数、导线直径及绕组形状和周长等记录。

③ 拆除绕组后，应修正槽形，清除槽内残留绝缘物。

3）嵌线与接线

嵌线前，要从电动机绕组展开图中，找出嵌线工艺和规律，并绘制接线图。嵌线用工具如图 1-43 所示。

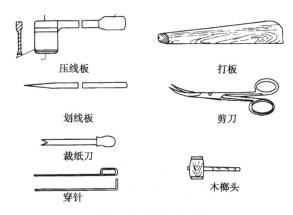

压线板　　　　　　　　　打板

划线板　　　　　　　　　剪刀

裁纸刀

穿针　　　　　　　　　　木榔头

图 1-43　嵌线用工具

（1）嵌线方法。

嵌第一节距的绕组元件时，以机座出线孔为准，确定第一槽位后，右手捏住线圈的下层边，并将其放到槽口的绝缘中间，同时左手捏住线圈的另一端将线依次插入槽内。逐槽嵌入下层边，将上层边用布带扎好，以方便继续下线。导线进槽不可交叉，槽内导线部分整齐平行，否则会影响全部导线的嵌入。导线全部嵌入槽内后，将引槽纸齐槽口剪平，折合封好，并用压线板压实，插入槽楔。嵌线方法如图 1-44 所示。

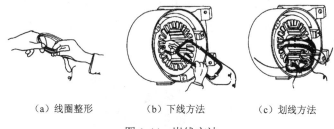

（a）线圈整形　　　　（b）下线方法　　　　（c）划线方法

图 1-44　嵌线方法

（2）端部接线。

嵌线完毕后，端部接线应按照绘制的接线图连接，如图 1-45 所示。小型电动机引出线应从线孔对面引过，然后同端部牢固地绑扎在一起。中型电动机由于连接线较粗，可将连线与引出线扎在一起，固定在绕组端部的上面，三相绕组各留一头一尾接到电动机接线盒内的 6 个接线端上。

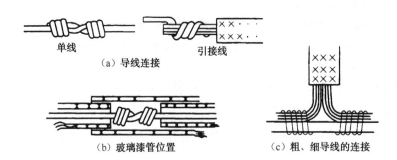

图 1-45 端部接线与绝缘处理

为保证接线质量，中型电动机均采用焊接的方法，如图 1-45 所示。取玻璃漆管 50～90 mm，在接线前先套上，刮净漆后再焊接。焊接前可采用绞线接法，如图 1-45（a）所示。焊好后将玻璃漆管移至焊接处，如图 1-45（b）所示。图 1-46 所示为导线连接与绝缘套管。

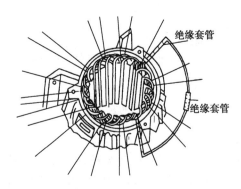

图 1-46 导线连接与绝缘套管

4）端部整形及绑扎

嵌完全部线圈后，检查绕组外形、端部排列及相间绝缘，合格后将木板垫在绕组端部，用木槌轻轻敲打，使其形成喇叭口，如图 1-47 所示。喇叭口直径大小要适当，不可太靠近机壳。整形后，修剪相间绝缘，使其稍稍高出线圈 3～4 mm。中、小型电动机每个线圈的端部都要用玻璃丝布同引出线一起绑扎。

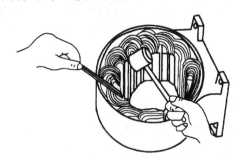

图 1-47 端部整形

5）浸漆与烘干

电动机的绕组浸漆的目的，是为了提高绕组的绝缘强度、耐热性、耐潮性及导电能力，增加绕组的机械强度和防腐能力。所以，绕组的浸漆烘干是电动机修理中十分重要的工序，需经过预烘、浸漆、烘干三个步骤。

（1）预烘：预烘可以驱除线圈中的潮气。预烘温度一般在110℃左右，烘4～8 h，且每隔1 h测量一次绝缘电阻。待绝缘电阻稳定不变后，预烘结束。

（2）浸漆：预烘后，待绕组温度降至65℃左右才能浸漆。浸漆时间为15 min左右，直到不冒气泡为止，然后将电动机垂直搁置滴干余漆。浸漆时，漆的黏度要适中。普通电动机浸漆两次，供湿热带使用的电动机浸漆3～4次。

（3）烘干：烘干一般分两个阶段。低温阶段，温度控制在70～80℃，烘2～4 h，此阶段溶剂挥发缓慢，应避免表面形成漆膜，致使内部气体无法排出形成气泡。高温阶段，温度控制在110～120℃，烘8～16 h，此阶段使绕组表面形成坚固漆膜。在烘干过程中，每隔1 h应测量一次绝缘电阻。常用的烘干方法如下。

① 灯泡烘干法。用红外线灯泡或白炽灯泡直接照射电动机绕组，改变灯泡功率大小，就可改变烘烤温度。将电动机放在一个铁皮烘干箱里，根据电动机的大小选用300～500 W红外线灯泡两个。红外线发出的光均匀地照在电动机绕组上，加热后潮气蒸发，使绕组全面干燥，达到提高绝缘性能的目的。烘干箱要装一个温度计，监视温度不超过90℃，温度的高低可通过增减灯泡数量来调节，如图1-48（a）所示。

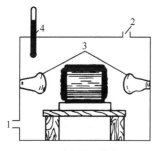

（a）在烘干箱中　　　（b）小型电动机绕组的烘干

1、2—通风口；3—远红外线灯泡；4—温度计

图1-48　绕组维修时的灯泡干燥法

对于小型电动机绕组的烘干，应把灯泡直接悬空吊在定子中，不可贴住线圈，以免烘坏线圈的绝缘层，如图1-48（b）所示。同时，电动机外壳下端四周要垫木块，使线圈不致受压，还要在上、下端加盖木板等，以减少热量散失。由于灯泡放在铁心里干燥，离线圈较近，一般烘干温度不得超过100℃，烘干时间为24 h左右。如果绝缘电阻还低可适当延长时间，继续烘干。

② 电炉烘干法。将电动机平放，距离电动机绕组两端40～50 cm处各放置一只电炉，用电炉的热辐射进行干烘，在干烘过程中要注意防火。改变距离或改变电炉的功率可以改变烘干温度。

③ 电流烘干法。电流烘干法接线如图 1-49 所示。小型电动机采用电流烘干法时，在定子绕组中通入单相 220 V 交流电，电流控制在电动机额定电流的 60%左右。

注意，测量绝缘电阻时必须切断电源。

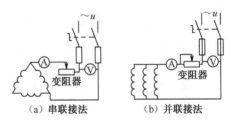

图 1-49　电流烘干法接线

④ 循环热风烘干法。循环热风干燥室如图 1-50 所示。室壁用耐火砖砌成内外两层，中间填隔热材料，以减少热损失。热源一般采用电加热器加热，但热源不能裸露在干燥室内，应由干燥室外的鼓风机将热风均匀地吹入干燥室内，干燥室顶部还应有排风孔。

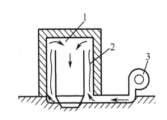

1—干燥室；2—加热器；3—鼓风机

图 1-50　循环热风干燥室

6）三相异步电动机的检查与电气试验

（1）修后装配的检查。

电动机在实验开始前要进行一般性检查：检查电动机各部分紧固螺栓是否拧紧，引出线的标记是否正确，转子转动是否灵活，轴身部分是否有明显的偏摆；滑动轴承油箱的油是否符合绕线转子电动机要求，电刷装置是否符合要求。在确认电动机一般情况良好后才能进行试验。

（2）绝缘电阻的检查。

修复后的电动机，绝缘电阻的测量一般在室温下进行，额定电压在 500 V 以下的电动机，用兆欧表测定其相间绝缘电阻和绕组对地绝缘电阻。小修后的绝缘电阻应不低于 0.5 MΩ，大修更换绕组后的绝缘电阻一般不应低于 5 MΩ。

（3）空载试验。

试验时应在三相定子绕组加三相平衡的额定电压，且电动机为空载，如图 1-51 所示。测量电动机任意一相空载电流，测量值与三相电流平均值的偏差不得大于 10%，测试时间为 1 h。空载试验时应检查电动机定子铁心是否过热或温升不均匀、轴承温度是否正常，并倾听电动机启动和运行有无异常响声。

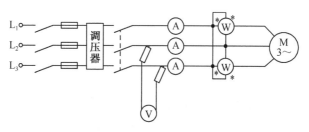

图 1-51　空载试验电路图

（4）耐压试验。

耐压试验必须在绝缘电阻测试合格后才能进行。主要测试绕组相间及绕组对机壳的绝缘性能。耐压试验一般进行两次，如图 1-52 所示，即将 U、V 两相绕组接高压，W 相和机壳接零线，进行一次试验；将 U、W 两相接高压，V 相和机壳接零线再进行试验。若两次均未发现击穿则为合格。对额定功率小于 1 kW 且额定电压为 380 V 的电动机，其试验电压有效值为 1260 V；对额定功率 1 kW 及以上的电动机，其试验电压有效值为 1760 V。无误后，通电试车，注意观察电器及电动机的动作、运转情况。

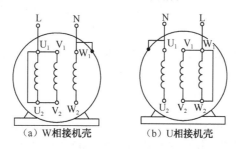

（a）W相接机壳　　　　（b）U相接机壳

图 1-52　绕组耐压试验接线图

知识拓展 2　交流伺服电动机

伺服电动机又称为执行电动机或控制电动机。在自动控制系统中，伺服电动机是执行元件，它的作用是把接收到的电信号变为电动机的一定转速或角位移。伺服电动机可分为直流和交流两种类型。其容量一般在 0.1～100 W。自动控制系统对伺服电动机的基本要求是：

（1）有较大的调速范围。

（2）快速响应。即要求机电时间常数小，灵敏度高，使转速随着控制电压迅速变化。

（3）具有线性的机械特性和调节特性。即转速随转矩的变化或转速随控制电压的变化呈线性关系，以有利于提高自动控制系统的动态精度。

（4）无自转现象。当控制电压消失时，电动机能立即停转。

1．交流伺服电动机结构

交流伺服电动机定子的构造基本上与电容分相式单相异步电动机相似，图 1-53 所示为 SD 系列的交流伺服电动机，它带有齿轮减速机构。其定子上装有两个绕组，位置互差 90°，一个是励磁绕组，它始终接在交流电压上；另一个是控制绕组，连接控制信号电压。

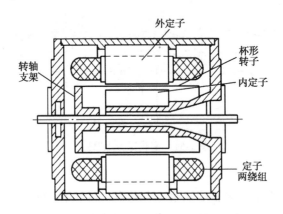

图 1-53　空心杯形转子交流伺服电动机的结构

交流伺服电动机的转子通常为笼型结构，但为了使伺服电动机具有较宽的调速范围、线性的机械特性、无"自转"现象和快速响应的性能，它与普通的电动机相比，应具有转子电阻大和转动惯量小这两个特点。目前应用较多的转子结构有两种形式：一种是笼型，采用高电阻率的导电材料青铜或铸铝做成，为了减小转子的转动惯量，转子做得细长；另一种是非磁性杯形转子，采用铝合金制成，杯壁很薄，仅 0.2～0.3 mm，为了减小磁路的磁阻，要在空心杯形转子内放置固定的内定子，如图 1-53 所示。空心杯形转子的转动惯量很小，反应迅速，而且运转平稳，因此被广泛采用。

2．工作原理及特点

图 1-54 为交流伺服电动机的工作原理图，它与分相式单相异步电动机相似。在没有控制电压时，定子内只有励磁绕组产生的脉动磁场，转子静止不动。当有控制电压时，定子内便产生一个旋转磁场，转子沿旋转磁场的方向旋转，在负载恒定的情况下，电动机的转速随控制电压的大小而变化，当控制电压的相位相反时，伺服电动机将反转。

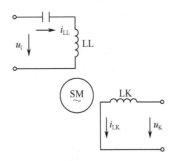

图 1-54　交流伺服电动机的工作原理图

由于交流伺服电动机的转子电阻比分相式单相异步电动机大得多，所以它与单相异步电动机相比，有三个显著特点：

（1）启动转矩大。由于转子电阻大，与普通异步电动机相比，有明显的区别。它可使临界转差率大于 1，这样不仅使机械特性更接近于线性，而且具有较大的启动转矩。因此，当定子一有控制电压，转子立即转动，即具有启动快、灵敏度高的特点。

（2）运行范围较宽。转差率 s 在 0 和 1 的范围内伺服电动机都能稳定运转。

（3）无自转现象。交流伺服电动机的输出功率一般是 0.1～100 W。当电源频率为 50 Hz 时，电压有 36 V、110 V、220 V、380 V 等多种；当电源频率为 400 Hz 时，电压有 20 V、26 V、36 V、115 V 等多种。

交流伺服电动机运行平稳、噪声小。但是为非线性控制，并且由于转子电阻大、损耗大、效率低，因此与同容量直流伺服电动机相比，体积大、质量大，所以只适用于 0.5～100 W 的小功率控制系统。

3．交流伺服电动机的控制方式

对于两相伺服电动机，如果励磁绕组和控制绕组中加的电压是对称的，便可得到圆形的旋转磁场。但如果两者的幅值不同，或是相位差不是 90°，得到的便是椭圆形的旋转磁场。改变控制电压的大小或是改变它与励磁电压之间的相位角，都能使电动机气隙中旋转磁场的椭圆度发生变化，从而影响电磁转矩，当负载转矩一定时，达到改变转速的目的。所以，交流伺服电动机的控制方式有三种。

（1）幅值控制方式：即保持励磁电压的相位和幅值不变，通过调节控制电压的大小来改变电动机的转速；通过改变控制电压的相位改变电动机的转向。

（2）相位控制方式：即保持励磁电压和控制电压的幅值不变，通过调节控制电压与励磁电压之间的相位差来改变电动机的转速和转向，一般很少采用。

（3）幅值-相位控制方式：即保持励磁电压的相位和幅值不变，同时改变控制电压的幅值和相位以达到控制的目的。

4．交流伺服电动机的性能指标

1）交流伺服电动机的额定值

（1）额定电压：两相交流伺服电动机的额定电压包括额定励磁电压和额定控制电压。励磁电压允许在小范围内有一定的波动。电压过高容易使电动机过热烧坏绕组；过低则会影响电动机的性能，降低输出功率和转矩等。控制绕组的额定电压有时又称为最大控制电压，当额定励磁电压和额定控制电压相等时，为对称运行状态，此时电动机产生的磁场为圆形旋转磁场。

（2）额定频率：即伺服电动机正常工作时使用的频率。有中频和低频两大类，低频一般为 50 Hz，中频一般为 400 Hz。

（3）堵转转矩及堵转电流：定子两相绕组加上额定电压后，转子仍处于静止状态时对应的转矩，称为堵转转矩。这时流过励磁绕组和控制绕组的电流分别是堵转励磁电流和堵转控制电流，比正常工作时的电流大了许多。

（4）空载转速：定子两相绕组加上额定电压，电动机不带任何负载时的转速称为空载转速。它的大小与电动机的极数有关，由于电动机本身阻转矩的影响，它一般略低于同步转速。

（5）机电时间常数：指伺服电动机在不带任何负载时，励磁绕组加额定电压，控制绕组加阶跃的额定电压，电动机由静止加速到 0.632 倍空载转速所需的时间。它是反映电动机的快速灵敏性的技术数据，机电时间常数越小说明电动机的灵敏度越高，响应越快。

2）交流伺服电动机的型号

交流伺服电动机的型号由机壳外径、产品代号、频率种类、性能参数四部分组成，现以 45SL42 型交流伺服电动机为例来说明。"45"为机壳代号，表示机壳外径为 45 mm。"SL"为产品代号，表示两相交流伺服电动机；如果为"SK"，则表示空心杯形转子两相交流伺服电动机；为"SX"表示绕线转子两相交流伺服电动机；为"SD"表示带齿轮减速机构的交流伺服电动机。"42"为规格代号。

5．交流伺服电动机的应用

在自动控制系统中，根据被控对象不同，有速度控制和位置控制两种类型。尤其是位置控制系统，可实现远距离角度传递，它的工作原理是将主令轴的转角传递到远距离的执行轴，使之再现主令轴的转角位置。例如，工业上发电厂锅炉闸门的开启，轧钢机中轧辊间隙的自动控制，军事上火炮和雷达的自动定位。交流伺服电动机在检测装置中的应用也很多，如电子自动电位差计、电子自动平衡电桥等。

另外，交流伺服电动机还可以和其他控制元件一起组合成各种计算装置，进行加减乘除，乘方，开方，正弦函数，微积分等运算。

习　题　1

1．说明直流电动机电刷和换向器的作用，在发电机中它们是怎样把电枢绕组中的交流电动势变成刷间直流电动势的？在电动机中，刷间电压本来就是直流电压，为什么仍需要电刷和换向器？

2．判断直流电动机在下列情况下的电刷两端的电压的性质：

（1）磁极固定，电刷与电枢同向同速旋转；

（2）电枢固定，电刷与磁极同向同速旋转。

3．与他励、并励直流电动机相比，串励直流电动机的工作特性有何特点？

4．负载的机械特性有哪几种主要类型？各有什么特点？

5．他励直流电动机有几种调速方法？各有什么特点？

6．他励直流电动机的三种调速方法各属于哪种调速方式？

7．电动机的调速方式为什么要与负载性质匹配？不匹配时有什么问题？

8．是否可以说他励直流电动机拖动的负载只要转矩不超过额定值，不论采用哪一种调速方法，电动机都可以长期运行而不致过热损坏？

9．采用电动势反接制动下放同一重物，要求转速 850 r/min，问电枢回路中应串入多大电阻？电枢回路从电源吸收的功率是多大？电枢外串电阻上消耗的功率是多少？

10．采用能耗制动下放同一重物，要求转速 850 r/min，问电枢回路中应串入的电阻值为多少？该电阻上消耗的功率为多少？

11．怎样使三相异步电动机反转？怎样改变旋转磁场的转速？

12．异步电动机定子三相绕组 Y 形联结无中性线，说明一相断线后，定子产生的是何种磁动势？

13. 异步电动机定子三相绕组三角形联结，如果电源一相断线，试分析此时定子产生的是何种磁动势？

14. 一台绕线转子异步电动机，如将定子绕组短接，转子接至频率为 f_1、电压为转子额定电压的三相电源上去，问电动机将怎样旋转？转子转速和转向如何？

15. 绕线转子异步电动机拖动恒转矩负载运行时，若增大转子回路外串电阻，电动机的电磁功率、转子电流、转子回路的铜损及其轴输出功率将如何变化？

16. 定子串电阻或电抗减压启动的主要优缺点是什么？适用什么场合？

17. 三相异步电动机改变极对数后，若电源的相序不变，电动机的旋转方向会怎样？

18. Y/YY 联结和△/YY 联结的变极调速都可以实现四级变二级，都属于什么样的调速方式？

19. 三相异步电动机保持常态，在基频以下变频调速时，为什么在较低的频率下运行时其过载能力下降较多？

20. 三相绕线转子异步电动机拖动恒转矩负载运行，在电动状态下增大转子电阻时电动机的转速降低，而在转速反向的反接制动时增大转子外串电阻会使转速升高，这是为什么？

项目 2 变压器的运行、维修、维护

学习目标

　　本项目主要通过对变压器的运行、维修与维护，介绍和认识变压器的功能、结构，单相变压器的运行原理，三相变压器同名端的判别，能够认识自耦变压器和仪用变压器及使用时的注意事项，能够对小型变压器的故障进行修理和正确使用，会判别定子绕组的同名端，通过实践能够进行变压器同名端的判定和变压器的修理及测试。

任务 3 变压器的运行、维修与维护

任务描述

变压器是发、输、变、配电系统中不可缺少的设备，对电能的经济传输、灵活分配与安全使用具有重要的意义。它能改变线路电压、电流、阻抗或在控制系统中变换传递信号。在使用和维护中经常会碰到变压器出现故障而需要检修的问题，因此对于变压器的运行、维修与维护是电工要掌握的基本知识。

知识链接

2.1 变压器的工作原理、用途及分类

1. 变压器的基本工作原理

变压器是利用电磁感应原理工作的，图 2-1 为其工作原理示意图。变压器的主要部件是铁心和绕组。两个互相绝缘且匝数不同的绕组分别套装在铁心上，两绕组间只有磁的耦合而没有电的联系，其中接电源的绕组称为一次绕组（曾称为原绕组、初级绕组），用于接负载的绕组称为二次绕组（曾称为副绕组、次级绕组）。

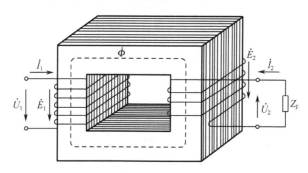

图 2-1 变压器工作原理示意图

一次绕组加上交流电压 U_1 后，绕组中便有电流 I_1 通过，在铁心中产生与电压同频的交变磁通 Φ，根据电磁感应原理，将分别在两个绕组中感应出电动势 E_1 和 E_2。

箭头表示感应电动势总是阻碍磁通的变化。若把负载接在二次绕组上，则在电动势 E_2 的作用下，有电流 I_2 流过负载，实现了电能的传递。一、二次绕组感应电动势的大小（近似于各自的电压 U_1 及 U_2）与绕组匝数成正比，故只要改变一、二次绕组的匝数，就可达到改变电压的目的，这就是变压器的基本工作原理。

2. 变压器的用途

变压器最主要的用途是在输、配电技术领域。目前世界各国使用的电能基本上均是由各类（火力、水利、核能等）发电站发出的三相交流电能，发电站一般均建在能源场地，

江、海边或远离城市的地区，因此，它所发出的电能在向用户输送的过程中，通常需用很长的输电线，根据 $P=\sqrt{3}UI\cos\varphi$，在输送功率 P 和负载的功率因数 $\cos\varphi$ 一定时，输电线路上的电压 U 越高，则流过输电线路中的电流 I 就越小。这不仅可以减小输电线的截面积，节约导体材料，同时还可以减小输电线路的功率损耗。因此，目前世界各国在电能的输送与分配方面都朝建立高电压、大功率的电力网系统方向发展，以便集中输送、统一调度与分配电能。这就促使输电线路的电压由高压（110～220 kV）向超高压（330～750 kV）和特高压（750 kV 以上）不断升级。目前我国高压输电的电压等级有 110 kV、220 kV、330 kV 及 500 kV 等多种。发电机本身由于其结构及所用绝缘材料的限制，不可能直接发出这样的高压，因此在输电时必须首先通过升压变电站，利用变压器将电压升高，过程如图 2-2 所示。

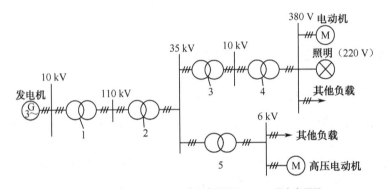

1—升压变压器；2、3—降压变压器；4、5—配电变压器

图 2-2　简单电力系统示意图

高压电能输送到用电区后，为了保证用电安全和符合用电设备的电压等级要求，还必须通过各级降压变电站，利用变压器将电压降低。例如，工厂输电线路，高压为 35 kV 及 10 kV 等，低压为 380 V、220 V 等。

综上所述可见，变压器是输、配电系统中不可缺少的重要电气设备，从发电厂发出的电能经升压变压器升压，输送到用户后，再经降压变压器降压供电给用户，中间最少要经过 4～5 次变压器的升降压，一般是 8～9 次。根据最近的资料显示，1 kW 的发电设备需 8～8.5 kV·A 变压器容量与之配套，由此可见，在电力系统中变压器是容量最大的电气设备。电能在传输过程中会有能量的损耗，主要是输电线路的损耗及变压器的损耗，它占整个供电容量的 5%～9%，这是一个相当可观的数字。例如，我国 2002 年发电设备的总装机容量约为 3.54 亿千瓦，而输电线路及变压器损耗的部分为 1800～3200 万千瓦，它相当于目前我国 15～25 个装机容量最大的火力发电厂的总和（我国三峡工程总装机容量为 1820 万千瓦）。在这个能量损耗中，变压器的损耗最大，占 60% 左右，因此变压器效率的高低成为输、配电系统中一个突出的问题。我国从 20 世纪 70 年代末开始研制高效节能变压器，换代过程为 SJ→S5→S7→S9→S10。目前大批量生产的是 S9 低损耗节能变压器，并要求逐步淘汰在使用中的旧型号变压器，据初步估算采用低损耗变压器所需的投资费用可在 4～5 年时间内从节约的电费中收回。

变压器除用于改变电压外，还可用来改变电流、变换阻抗以及产生脉冲等。

3．变压器的分类

（1）电力变压器：用做电能的输送与分配，上面介绍的即属于电力变压器，这是生产数量最多、使用最广泛的变压器。按其功能不同又可分为升压变压器、降压变压器、配电变压器等。电力变压器的容量从几十千伏安到几十万千伏安，电压等级从几百伏到几百千伏。

（2）特种变压器：在特种场合使用的变压器，如作为焊接电源的电焊变压器；专供大功率电炉使用的电炉变压器；将交流电整流成直流电时使用的整流变压器等。

（3）仪用互感器：用于电工测量中，如电流互感器、电压互感器等。

（4）控制变压器：容量一般比较小，用于小功率电源系统和自动控制系统。如电源变压器、输入变压器、输出变压器、脉冲变压器等。

（5）其他变压器：如试验用的高压变压器；输出电压可调的调压变压器；产生脉冲信号的脉冲变压器等。

2.2　变压器的结构与铭牌

1．单相变压器的基本结构

单相变压器是指接在单相交流电源上用来改变单相交流电压的变压器，其容量一般都比较小，主要用做控制及照明。它主要由铁心和绕组（又称线圈）两部分组成。铁心和绕组也是三相电力变压器和其他变压器的主要组成部分。

1）铁心

铁心构成变压器磁路系统，并作为变压器的基本骨架。铁心由铁心柱和铁轭两部分组成，铁心柱上套装变压器绕组，铁轭起连接铁心柱使磁路闭合的作用。对铁心的要求是导磁性能要好，磁滞损耗及涡流损耗要尽量小，因此均采用 0.35 mm 厚的硅钢片制作。目前国产硅钢片有热轧硅钢片、冷轧无取向硅钢片、冷轧晶粒取向硅钢片。20 世纪六七十年代我国生产的电力变压器主要用热轧硅钢片，由于其铁损耗较大，导磁性能相对也比较差，其铁心叠装系数低（因硅钢片两面均涂有绝缘漆），现已不用。目前国产低损耗节能变压器均为冷轧晶粒取向硅钢片，其铁损耗低，且铁心叠装系数高（因硅钢片表面有氧化膜绝缘，不必再涂绝缘漆）。随着科学技术的进步，目前已开始采用铁基、铁镍基、钴基等非晶态材料来制作变压器的铁心，它们具有体积小、效率高、节能等优点，极有发展前途。

根据变压器铁心的结构形式可分为心式变压器和壳式变压器两大类，如图 2-3 所示；心

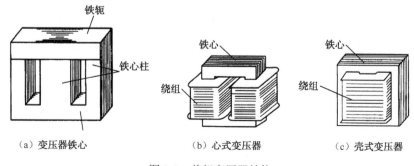

（a）变压器铁心　　　　　（b）心式变压器　　　　　（c）壳式变压器

图 2-3　单相变压器结构

式变压器是在两侧的铁心柱上放置绕组，形成绕组包围铁心形式；壳式变压器则是在中间的铁心柱上放置绕组，形成铁心包围绕组的形式。

根据变压器铁心的制作工艺可分为叠片式铁心和卷制式铁心两种。

心式变压器的叠片式铁心一般用"口"字形硅钢片交叉叠成，壳式变压器的叠片式铁心则用 E 形或 F 形硅钢片交叉叠成。为了减小铁心磁路的磁阻以减小铁心的损耗，要求铁心装配时，接缝处的空气隙应越小越好。

卷制式铁心系用 0.35 mm 晶粒取向冷轧硅钢片剪裁成一定宽度的硅钢带后再卷制成环形，将铁心绑扎牢固后切割成两个"U"字形，如图 2-4 所示。由于该类型变压器制作工艺简单，正在小容量的单相变压器中逐渐普及。随着制造技术的不断成熟，用卷制式铁心的三相电力变压器（500kV·A 以下）将逐步代替传统的叠片式变压器，其主要优点是重量轻、体积小、空载损耗小、噪声低、生产效率高、质量稳定。

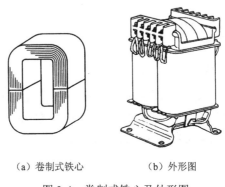

（a）卷制式铁心　　　　　（b）外形图

图 2-4　卷制式铁心及外形图

此外，在 20 世纪六七十年代，还出现过渐开线式的铁心结构，由于其铁心制作工艺较复杂，而未能广泛应用。

2）绕组（线圈）

变压器的线圈通常称为绕组，它是变压器中的电路部分，小变压器一般用绝缘的漆包圆铜线绕制而成，容量稍大的变压器则用扁铜线或扁铝线绕制。

在变压器中接到高压电网的绕组称为高压绕组，接到低压电网的绕组称为低压绕组。按高压绕组和低压绕组的相互位置和形状不同，绕组可分为同心式和交叠式两种，如图 2-5 所示。

（1）同心式绕组。

同心式绕组是将高、低压绕组同心地套装在铁心柱上，小容量单相变压器一般用此结构，通常是接电源的一次绕组在里层，绕完后包上绝缘材料再绕二次绕组，一、二次绕组呈同心式结构。对于电力变压器而言，为了便于与铁心绝缘，把低压绕组套装在里面，高压绕组套装在外面。对低压大电流、大容量的变压器，由于低压绕组引出线很粗，也可以把它放在外面。高、低压绕组之间留有空隙，可作为油浸式变压器的油道，既利于绕组散热，又作为两绕组之间的绝缘。

同心式绕组按其绕制方法的不同又可分为圆筒式、螺旋式和连续式等多种。同心式绕组的结构简单、制造容易，小型的电源变压器、控制变压器、低压照明变压器等均用这种

结构。国产电力变压器基本上也采用这种结构。

（2）交叠式绕组。

交叠式绕组又称饼式绕组，它是将高压绕组及低压绕组分成若干个"线饼"，沿着铁心柱的高度交替排列。为了便于绝缘，一般最上层和最下层安放低压绕组。

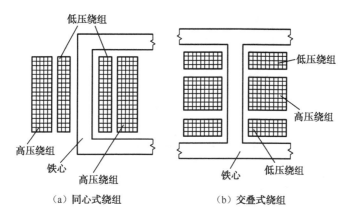

（a）同心式绕组　　　　（b）交叠式绕组

图 2-5　变压器绕组

交叠式绕组的主要优点是漏抗小、机械强度好、引线方便。这种绕组形式主要用在低电压、大电流的变压器上，如容量较大的电炉变压器、电阻电焊机（如点焊、滚焊、对焊电焊机）变压器等。

2．三相变压器的基本结构

现在的电力系统中都采用三相制供电，因而广泛使用三相变压器来实现电压转换。三相变压器可以由三台同容量的单相变压器组成，按需要将一次绕组及二次绕组分别接成星形或三角形联结。图 2-6 所示为一、二次绕组均为星形联结的三相变压器。

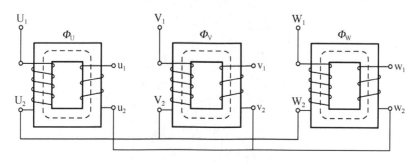

图 2-6　三相变压器

三相变压器的另一种结构形式是把三个单相变压器合成一个三铁心柱的结构形式，称为三相心式变压器，如图 2-7 所示。由于三相绕组接至对称的三相交流电源，三相绕组中产生的主磁通也是对称的，故有 $\Phi_U + \Phi_V + \Phi_W = 0$，即中间铁心柱的磁通为零，因此中间铁心柱可以省略，成为图 2-7（b）形式，实际上为了简化变压器铁心的剪裁及叠装工艺，均采用将 U、V、W 三个铁心柱置于同一个平面上的结构形式，如图 2-7（c）所示。

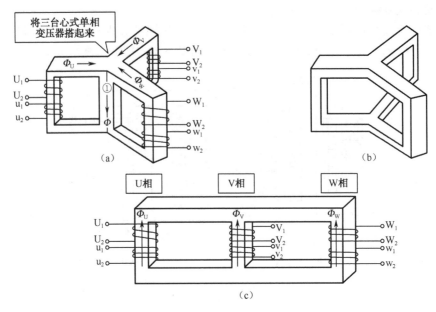

图 2-7 三相心式变压器

在三相电力变压器中，目前使用最广泛的是油浸式电力变压器，其外形如图 2-8 所示。它主要由铁心、绕组、油箱及冷却装置、保护装置等部件组成。

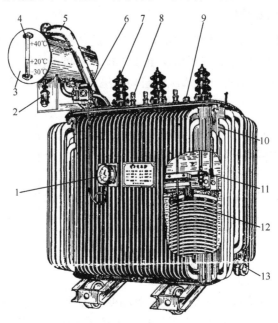

1—信号式温度计；2—吸湿器；3—储油柜；4—油位计；5—安全气道（防爆管）；6—气体继电器；

7—高压套管；8—低压套管；9—分接开关；10—油箱；11—铁心；12—线圈；13—放油阀门

图 2-8 油浸式电力变压器

1）铁心

铁心是三相变压器的磁路部分，与单相变压器一样，它是由 0.35 mm 厚的硅钢片叠压（或卷制）而成，20 世纪 70 年代以前生产的电力变压器铁心采用热轧硅钢片，其主要缺点是体积大、损耗大、效率低。20 世纪 80 年代起生产的新型电力变压器铁心均用高磁导率、低损耗的冷轧晶粒取向硅钢片制作，以降低其损耗，提高变压器的效率，这类变压器称为低损耗变压器，以 S7（SL7）及 S9 为代表产品。国家电力部规定从 1985 年起，新生产及新上网的必须是低损耗电力变压器。三相电力变压器铁心均采用心式结构。通常心式结构的铁心采用交叠式的叠装工艺，即把剪成条状的硅钢片用两种不同的排列法交错叠放，每层将接缝错开叠装，如图 2-9 所示。交叠式铁心的优点是各层磁路的接缝相互错开，气隙小，故空载电流较小。另外，交叠式铁心的夹紧装置简单经济，且可靠性高，因而在国产电力变压器中得到广泛应用。主要不足之处是铁心及绕组的装配工艺较复杂。

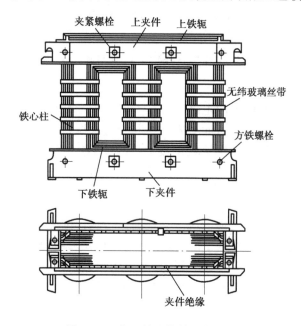

图 2-9　三相三铁心柱铁心外形图

铁心叠装好以后，必须将铁心柱及铁轭部分固紧成一个整体，老的产品均在硅钢片中间冲孔，再用夹紧螺栓穿过圆孔紧固。夹紧螺栓与硅钢片之间必须有可靠的绝缘，否则，硅钢片会被夹紧螺栓短路，使涡流增加而引起过热，造成硅钢片及绕组烧坏。目前生产的变压器，铁心柱部分已改用环氧无纬玻璃丝带绑扎，而铁轭部分仍用夹紧螺栓及上、下夹件，使整台变压器铁心成为一个坚实的整体。

铁心柱的截面形状与变压器的容量有关，单相变压器及小型三相电力变压器采用正方形或长方形截面，如图 2-10（a）所示。在大、中型三相电力变压器中，为了充分利用绕组内圆的空间，通常采用阶梯形截面，如图 2-10（b）、（c）所示。阶梯形的级数越多，则变压器结构越紧凑，但叠装工艺越复杂。

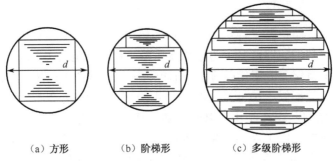

（a）方形　　　　（b）阶梯形　　　　（c）多级阶梯形

图 2-10　铁心柱截面形状

叠片式铁心的主要缺点是铁心的剪冲及叠装工艺比较复杂，不仅给制造而且给维修带来许多麻烦，同时，由于接缝的存在也增加了变压器的空载损耗。随着制造技术的不断成熟，像单相变压器一样，采用卷制式铁心结构的三相电力变压器已在 500kV·A 以下容量中被采用，其优点是体积小、损耗低、噪声小、价格低，极有推广前途。

变压器铁心的最新发展趋势是采用铁基、铁镍基、钴基等非晶态材料代替硅钢。我国已生产 SH11 系列非晶合金电力变压器，它具有体积小、效益高、节能等优点，极有发展前途。

2）绕组

绕组是三相交流电力变压器的电路部分。一般用绝缘纸包的扁铜线或扁铝线绕成，绕组的结构形式与单相变压器一样有同心式绕组和交叠式绕组。当前新型的绕组结构为箔式绕组电力变压器，绕组用铝箔或铜箔氧化技术和特殊工艺绕制，使变压器整体性能得到较大的提高，我国已开始批量生产。

3）油箱和冷却装置

由于三相变压器主要用于电力系统进行电能的传输，因此其容量都比较大，电压也比较高，目前国产的高电压、大容量三相电力变压器 OSFPSZ-360000/500 已批量生产（容量为 36 万千伏安，电压为 500 kV，每台变压器质量达到 250 t）。为了铁心和绕组的散热和绝缘，均将其置于绝缘的变压器油内，而油则盛放在油箱内，采用风吹冷却或强迫油循环冷却装置。

较多的变压器在油箱上部还安装有储油柜，它通过连接管与油箱相通。储油柜内的油面高度随变压器油的热胀冷缩而变动。储油柜使变压器油与空气的接触面积大为减小，从而减缓了变压器油的老化速度。新型的全充油密闭式电力变压器则取消了储油柜，运行时变压器油的体积变化完全由设在侧壁的膨胀式散热器（金属波纹油箱）来补偿，变压器端盖与箱体之间焊为一体，设备免维护，运行安全可靠，在我国以 S9-M 系列、S10-M 系列全密封波纹油箱电力变压器为代表，现已开始批量生产。

4）保护装置

（1）气体继电器。在油箱和储油柜之间的连接管中装有气体继电器，当变压器发生故障时，内部绝缘物汽化，使气体继电器动作，发出信号或使开关跳闸。

（2）防爆管（安全气道）。装在油箱顶部，它是一个长的圆形钢筒，上端用酚醛纸板密封，下端与油箱连通。若变压器发生故障，使油箱内压力骤增时，油流冲破酚醛纸板，

以免造成变压器箱体爆裂。近年来，国产电力变压器已广泛采用压力释放阀来取代防爆管，其优点是动作精度高，延时时间短，能自动开启及自动关闭，克服了停电更换防爆管的缺点。

3．变压器的型号与额定值

在每台电力变压器的油箱上都有一块铭牌，标志其型号和主要参数，作为正确使用变压器时的依据，如图 2-11 所示。

电力变压器			
产品型号	S7-500/10	标准号	
额定容量	500kV·A	使用条件	户外式
额定电压	10000V/400V	冷却条件	ONAN
额定电流	28.9A/721.7A	短路电压	4.05%
额定频率	50Hz	器身吊重	1015kg
相数	3 相	油重	302kg
联结组别	Yyn0	总重	1753kg
制造厂		生产日期	

图 2-11　电力电压器铭牌

图 2-11 所示的变压器是配电站用的降压变压器，将 10 kV 的高压降为 400 V 的低压，供三相负载使用。铭牌中主要参数说明如下。

1）产品型号

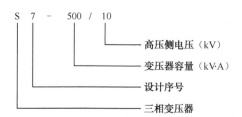

2）额定电压 U_{1N} 和 U_{2N}

高压侧（一次绕组）额定电压 U_{1N} 是指加在一次绕组上的正常工作电压值。它是根据变压器的绝缘强度和允许发热等条件规定的。高压侧标出的三个电压值，可以根据高压侧供电电压的实际情况，在额定值的±5%范围内加以选择，当供电电压偏高时可调至 10 500 V，偏低时则调至 9500 V，以保证低压侧的额定电压为 400 V 左右。

低压侧（二次绕组）额定电压 U_{2N} 是指变压器在空载时，高压侧加上额定电压后，二次绕组两端的电压值。变压器接上负载后，二次绕组的输出电压 U_2 将随负载电流的增加而下降，为保证在额定负载时能输出 380 V 的电压，考虑到电压调整率为 5%，故该变压器空载时二次绕组的额定电压 U_{2N} 为 400 V。在三相变压器中，额定电压均指线电压。

3）额定电流 I_{1N} 和 I_{2N}

额定电流是指根据变压器容许发热的条件而规定的满载电流值。在三相变压器中额定电流是指线电流。

4）额定容量 S_N

额定容量是指变压器在额定工作状态下，二次绕组的视在功率，其单位为 kV·A。

单相变压器的额定容量为

$$S_N = U_{1N}I_{1N} = U_{2N}I_{2N}$$

三相变压器的额定容量为

$$S_N = \sqrt{3}U_{1N}I_{1N} = \sqrt{3}U_{2N}I_{2N}$$

5）联结组别

联结组别指三相变压器一、二次绕组的连接方式。Y（高压绕组作星形联结）、y（低压绕组作星形联结）；D（高压绕组作三角形联结）、d（低压绕组作三角形联结）；N（高压绕组作星形联结时的中线）、n（低压绕组作星形联结时的中线）。

6）阻抗电压

阻抗电压又称为短路电压。它标志在额定电流时变压器阻抗压降的大小。通常用它与额定电压 U_{1N} 的百分比来表示。

2.3 变压器的运行特性

要正确、合理地使用变压器，必须了解变压器在运行时的主要特性及性能指标。变压器在运行时的主要特性有外特性与效率特性，而表征变压器运行性能的主要指标则有电压调整率和效率。下面分别加以讨论。

1. 变压器的外特性及电压调整率

变压器空载运行时，若一次绕组电压 U_1 不变，则二次绕组电压 U_2 也是不变的。变压器加上负载后，随着负载电流 I_2 的增加，I_2 在二次绕组内部的阻抗压降也会增加，使二次绕组输出的电压 U_2 随之发生变化。另外，由于一次绕组电流 I_1 随 I_2 增加，因此 I_2 增加时，使一次绕组漏阻抗上的压降也增加，一次绕组电动势 E_1 和二次绕组电动势 E_2 也会有所下降，这也会影响二次绕组的输出电压 U_2。变压器的外特性是用来描述输出电压 U_2 随负载电流 I_2 的变化而变化的情况。

当一次绕组电压 U_1 和负载的功率因数 $\cos\varphi_2$ 一定时，二次绕组电压 U_2 与负载电流 I_2 的关系，称为变压器的外特性。它可以通过实验求得。功率因数不同时的几条外特性绘于图 2-12 中，可以看出，当 $\cos\varphi_2 = 1$ 时，U_2 随 I_2 的增加而下降得并不多；当 $\cos\varphi_2$ 降低时，即在感性负载时，U_2 随 I_2 增加而下降的程度加大，这是因为滞后的无功电流对变压器磁路中的主磁通的去磁作用更为显著，而使 E_1 和 E_2 有所下降的缘故；但当 $\cos\varphi_2$ 为负值时，即在容性负载时，超前的无功电流有助磁作用，主磁通会有所增加，E_1 和 E_2 亦相应加大，使得 U_2 会随 I_2 的增加而提高。以上叙述表明，负载的功率因数对变压器外特性的影响是很大的。

一般情况下，变压器的负载大多数是感性负载，因而当负载增加时，输出电压 U_2 总是下降的，其下降的程度常用电压调整率来描述。当变压器从空载到额定负载（$I_2 = I_{2N}$）运行时，二次绕组输出电压的变化值与空载电压（额定电压）之比的百分值就称为变压器的电压调整率。

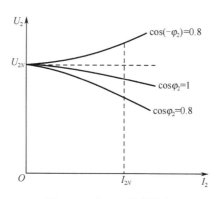

图 2-12 变压器的外特性

$$\Delta U\%=\frac{U_{2N}-U_2}{U_{2N}}\times100\%$$

式中，U_{2N} 为变压器空载时二次绕组的电压；U_2 为二次绕组的输出电压。

电压调整率反映了供电电压的稳定性，是变压器的一个重要性能指标。电压调整率越小，说明变压器二次绕组的电压越稳定，因此要求变压器的电压调整率越小越好。常用的电力变压器从空载到满载，电压调整率为 3%～5%。

2. 变压器的损耗及效率

变压器从电源输入的有功功率和向负载输出的有功功率可分别用下式计算：

$$P_1=U_1I_1\cos\varphi_1$$
$$P_2=U_2I_2\cos\varphi_2$$

两者之差为变压器的损耗，它包括铜损耗和铁损耗两部分，即

$$\Delta P=P_{Cu}+P_{Fe}$$

1）铁损耗 P_{Fe}

变压器的铁损耗包括基本铁损耗和附加铁损耗两部分。基本铁损耗包括铁心中的磁滞损耗和涡流损耗，它决定于铁心中的磁通密度大小、磁通交变的频率和硅钢片的质量等。附加铁损耗则包括铁心叠片间因绝缘损伤而产生的局部涡流损耗、主磁通在变压器铁心以外的结构部件中引起的涡流损耗等，附加铁损耗为基本铁损耗的 15%～20%。

变压器的铁损耗与一次绕组上所加的电源大小有关，而与负载电流的大小无关。当电源电压一定时，铁心中的磁通基本不变，故铁损耗也就基本不变，因此铁损耗也称不变损耗。

2）铜损耗 P_{Cu}

变压器的铜损耗也分为基本铜损耗和附加铜损耗两部分。基本铜损耗是由电流在一次、二次绕组电阻上产生的损耗，而附加铜损耗是指由漏磁通产生的集肤效应使电流在导体内分布不均而产生的额外损耗。附加铜损耗占基本铜损耗的 0.5%～5%，在变压器中铜损耗与负载电流的平方成正比，所以铜损耗又称为可变损耗。

3）效率

变压器的输出功率与输入功率之比称为变压器的效率，即

$$\eta=\frac{P_2}{P_1}\times100\%=\frac{P_2}{P_2+\Delta P}\times100\%=\frac{P_2}{P_2+P_{Cu}+P_{Fe}}\times100\%$$

变压器由于没有旋转的部件，不像电动机那样有机械损耗的存在，因此变压器的效率一般都比较高，中、小型电力变压器的效率在99%以上。

前面已讲过降低变压器本身的损耗，提高其效率是供电系统中的一个极为重要的课题，世界各国都在大力研究高效节能的变压器，其主要途径有两条。一是采用低损耗的冷轧硅钢片来制作铁心，如容量相同的两台电力变压器，用热轧硅钢片制作铁心的变压器铁损耗约为 4440 W，用冷轧硅钢片制作铁心的变压器铁损耗为 1700 W。后者比前者每小时减少 2.7 kW·h 损耗。仅此一项每年可节电 23 652 kW·h。由此可见，为什么我国要强制推行使用低损耗变压器。二是减小铜损耗，如果能用超导体材料来制作变压器绕组，则可使其电阻为零，铜损耗也就不存在了。世界上许多国家正在致力于该项研究，目前已有 330 kV·A 单相超导变压器问世，其体积比普通变压器要小 70% 左右，损耗可降低 50%。

4）效率特性

变压器在不同的负载电流 I_2 时，输出功率 P_2 及铜损耗 P_{Cu} 都在变化，因此变压器的效率 η 也随负载电流 I_2 的变化而变化，通过数学分析可知：当变压器的铁损耗等于铜损耗时，变压器的效率最高。

2.4 变压器的极性及三相变压器的联结组

1. 变压器的极性

因为变压器的一次、二次绕组绕在同一个铁心上，都被磁通 Φ 交链，故当磁通交变时，在两个绕组中感应出的电动势有一定的方向关系，即当一次绕组的某一端瞬时电位为正时，二次绕组也必有一电位为正的对应端点。这个对应的端点，就称为同极性端或同名端，通常用符号"·"表示。

在使用变压器或其他磁耦合线圈时，经常会遇到两个线圈极性的正确连接问题，例如，某变压器的一次绕组由两个匝数相等绕向一致的绕组组成，如图 2-13（a）中绕组 1-2 和 3-4。如每个绕组额定电压为 110 V，则当电源电压为 220 V 时，应把两个绕组串联起来使用，如图 2-13（b）所示接法；如电源电压为 110 V 时，则应将它们并联起来使用，如图 2-13（c）所示接法。当接法正确时，则两个绕组所产生的磁通方向相同，它们在铁心中互相叠加。如接法错误，则两个绕组所产生的磁通方向相反，它们在铁心中互相抵消，使铁心中的合成磁通为零，如图 2-14 所示，在每个绕组中也就没有感应电动势产生，相当于短路状态，会把变压器烧坏。因此，在进行变压器绕组的连接时，事先确定好各绕组的同名端是十分必要的。

对于两个绕向已知的绕组而言，可以这样判断：当电流从两个同极性端流入或流出时，铁心中所产生的磁通方向是一致的。如图 2-13 所示，1 端和 3 端为同名端，电流从这两个端点流入时，它们在铁心中产生的磁通方向相同。同样可以判断图 2-15 中的两个绕

组，1端和4端为同名端。

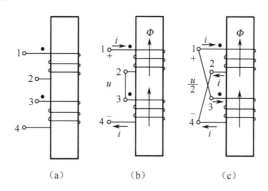

（a） （b） （c）

图 2-13 变压器绕组的正确连接

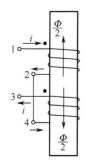

图 2-14 变压器绕组连接错误

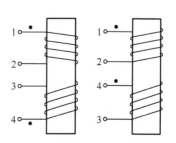

图 2-15 同名端的判断

2．三相变压器的联结组

三相电力变压器高、低压绕组的出线端都分别给予标记，以供正确连接及使用变压器，其出线端标记见表 2-1。

表 2-1 绕组首末端标记

绕组名称	单相变压器		三相变压器		中性点
	首端	末端	首端	末端	
高压绕组	U_1	U_2	U_1、V_1、W_1	U_2、V_2、W_2	N
低压绕组	u_1	u_2	u_1、v_1、w_1	u_2、v_2、w_2	n
中压绕组	U_{1m}	U_{1m}	U_{1m}、V_{1m}、W_{1m}	U_{1m}、V_{1m}、W_{1m}	N_m

在三相电力变压器中，不论是高压绕组，还是低压绕组，我国均采用星形联结及三角形联结两种方法。

星形联结是把三相绕组的末端 U_2、V_2、W_2（或 u_2、v_2、w_2）连接在一起，而把它们的首端 U_1、V_1、W_1（或 u_1、v_1、w_1）分别用导线引出，如图 2-16（a）所示。

三角形联结是把一相绕组的末端和另一相绕组的首端连在一起，顺次连接成一个闭合回路，然后从首端 U_1、V_1、W_1（或 u_1、v_1、w_1）用导线引出，如图 2-16（b）及（c）所示。其中图 2-16（b）的三相绕组按 U_2W_1、W_2V_1、V_2U_1 的次序连接，称为逆序（逆时针）三角形联

电机与电气控制项目教程

结。而图 2-16（c）的三线绕组按 U_2V_1、V_2W_1、W_2U_1 的次序连接，称为顺序（顺时针）三角形联结。

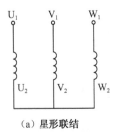
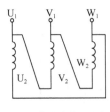
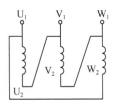

（a）星形联结　　　　（b）三角形联结（逆序）　　（b）三角形联结（顺序）

图 2-16　三相绕组联结方法

三相变压器高、低压绕组用星形联结和三角形联结时，国家标准规定：高压绕组星形联结用 Y 表示，三角形联结用 D 表示，中性线用 N 表示。低压绕组星形联结用 y 表示，三角形联结用 d 表示，中性线用 n 表示。

三相变压器一、二次绕组不同接法的组合形式有：Y，y；YN，d；Y，d；Y，yn；D，y；D，d 等，其中最常用的组合形式有三种，即 Y，yn；YN，d；Y，d。不同形式的组合，各有优缺点。对于高压绕组来说，接成星形最为有利，因为它的相电压只有线电压的 $1/\sqrt{3}$，当中性点引出接地时，绕组对地的绝缘要求降低了。大电流的低压绕组，采用三角形联结可以使导线截面比星形联结时减小到 $1/\sqrt{3}$，便于绕制，所以大容量的变压器通常采用 Y，d 或 YN，d 联结。容量不太大而且需要中性线的变压器，广泛采用 Y，yn 联结，以适应照明与动力混合负载需要的两种电压。

上述各接法中，一次绕组线电压与二次绕组线电压之间的相位关系是不同的，这就是所谓三相变压器的联结组别。三相变压器联结组别不仅与绕组的绕向和首末端的标记有关，而且还与三相绕组的连接方式有关。理论与实践证明，无论怎样，一、二次绕组线电动势的相位差总是 30° 的整数倍。因此，国际上规定，标志三相变压器一、二次绕组线电动势的相位关系用时钟表示法，即规定一次绕组线电动势 E_{UV} 为长针，永远指向钟面上的"12"，二次绕组线电动势 E_{uv} 为短针，它指向钟面上的哪个数字，该数字则为该三相变压器联结组别的标号。现就 Y，y 联结的变压器加以分析。

变压器一、二次绕组都采用星形联结，且首端为同名端，故一、二次绕组相应的相电动势之间相位相同，因此对应的线电动势之间的相位也相同，如图 2-17（b）所示，当一次绕组线电动势 E_{UV}（长针）指向时钟的"12"时，二次绕组线电动势 E_{uv}（短针）也指向"12"，这种连接方式称为 Y，y0 联结组，如图 2-17（c）所示。

若在图 2-17 的联结中，变压器一、二次绕组的首端不是同名端，而是异名端，则二次绕组的电动势相量均反向，E_{uv} 将指向时钟的"6"，称为 Y，y6 联结组。

三相电力变压器的联结组别还有许多种，但实际上为了制造及运行方便的需要，国家标准规定了三相电力变压器只采用五种标准联结组，即"Y，yn0"、"YN，d11"、"YN、y0"、"Y，y0"和"Y，d11"。

在上述五种联结组中，Y，yn0 联结组是经常碰到的，它用于容量不大的三相配电变压器，低压侧电压为 400～230 V，用以供给动力和照明的混合负载。一般这种变压器的最大

容量为 1600 kV·A，高压方面的额定电压不超过 35 kV。此外，Y，y0 联结组不能用于三相变压器组，只能用于三铁心的三相变压器且容量 $S_N < 1600$ kV·A。

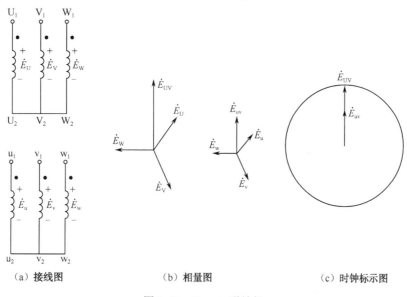

（a）接线图　　　　　　（b）相量图　　　　　　（c）时钟标示图

图 2-17　Y，y0 联结组

2.5　变压器的并联运行

三相变压器的并联运行是指几台三相变压器的高压绕组及低压绕组分别连接到高压电源及低压电源母线上，共同向负载供电的运行方式。

在变电站中，总的负载经常由两台或多台三相电力变压器并联供电，其原因为：

（1）变电站所供的负载一般来讲总是在若干年内不断发展、不断增加的，随着负载的不断增加，可以相应地增加变压器的台数，这样做可以减少建站、安装时的一次投资。

（2）当变电站所供的负载有较大的昼夜或季节波动时，可以根据负载的变动情况，随时调整投入并联运行的变压器台数，以提高变压器的运行效率。

（3）当某台变压器需要检修（或故障）时，可以切换下来，而用备用变压器投入并联运行，以提高供电的可靠性。

为了使变压器能正常地投入并联运行，各并联运行的变压器必须满足以下条件：

（1）一、二次绕组电压应相等，即变压比（简称变比）应相等。

（2）联结组别必须相同。

（3）短路阻抗（即短路电压）应相等。

实际并联运行的变压器，其变压比不可能绝对相等，其短路电压也不可能绝对相等，允许有极小的差别，但变压器的联结组别则必须要相同。下面分别说明这些条件。

1）变压比不等时变压器的并联运行

设两台同容量的变压器 T1 和 T2 并联运行，如图 2-18（a）所示，其变压比有微小的差别。其一次绕组接在同一电源电压 U_1 下，二次绕组并联后，也有相同的 U_2，但由于变压比不同，两个二次绕组之间的电动势有差别，设 $E_1 > E_2$，则电动势差值 $\Delta E = E_1 - E_2$ 会在两个二次绕组之间形成环流 I_C，如图 2-18（b）所示，这个电流称为平衡电流。变压器空载运行时，平衡电流流过绕组，会增大空载损耗，平衡电流越大则损耗会越多。变压器有负载时，二次侧电动势高的那一台电流增大，而另一台则减小，可能使前者超过额定电流而过载，后者则小于额定电流值。所以，有关变压器的标准中规定，并联运行的变压器，其变压比误差不允许超过±0.5%。

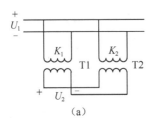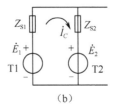

（a）　　　　　　　　　　　　　　（b）

图 2-18　变比不等时的并联运行

2）联结组别不同时变压器的并联运行

如果两台变压器的变压比和短路阻抗均相等，但是联结组别不同，若并联运行，则其后果十分严重。因为联结组别不同时，两台变压器二次绕组电压的相位差就不同，它们线电压的相位差至少为 30°，因此会产生很大的电压差 ΔU_2。这样大的电压差将在两台并联变压器二次绕组中产生比额定电流大得多的空载环流，导致变压器损坏，故联结组别不同的变压器绝对不允许并联运行。

3）短路阻抗（短路电压）不等时变压器的并联运行

设两台容量相同、变压比相等、联结组别也相同的三相变压器并联运行，现在来分析它们的负载如何均衡分配。设负载为对称负载，则可取其一相来分析。

如这两台变压器的短路阻抗也相等，则流过两台变压器中的负载电流也相等，即负载均衡分布，这是理想情况。并联运行时，负载电流的分配与各台变压器的短路阻抗成反比，短路阻抗小的变压器输出的电流要大，短路阻抗大的输出电流较小，则其容量得不到充分的利用。因此，国家标准规定：并联运行的变压器其短路电压比不应超过 10%。

变压器的并联运行，还存在一个负载分配的问题。两台同容量的变压器并联，由于短路阻抗的差别很小，可以做到接近均匀地分配负载。当容量差别较大时，合理分配负载是困难的，特别是担心小容量的变压器过载，而使大容量的变压器得不到充分利用。为此，要求投入并联运行的各变压器中，最大容量与最小容量之比不宜超过 3∶1。

2.6　变压器的故障与修理

小功率电源变压器专门用做某些小功率负载的供电电源，按工作频率的不同可分为工频电源变压器、中频电源变压器和高频电源变压器。按铁心结构形式的不同可分为 E 形变压器、口形变压器、C 形变压器、R 形变压器、O 形（环形）变压器。在使用和维护中，经常会碰到变压器出现故障而需要检修的问题，后面将介绍 E 形变压器的检修。

变压器发生故障的原因很多，为正确、顺利地判断、排除故障，需从多方面进行分析和处理。

项目实践 3　变压器的故障分析

1．功能分析

变压器是一种常见的静止设备，它利用电磁感应原理，将某一数值的交流电变换为同频率的另一数值的交流电。变压器不仅对电力系统中电能的传输、分配和安全使用有重要意义，而且广泛用于电气控制领域、电子技术领域、测试技术领域、焊接技术领域，等等。

2．控制方案

（1）小型变压器的拆卸；

（2）绕组的重绕；

（3）同名端的判定；

（4）小型变压器的装配；

（5）小型变压器的测试。

3．实训设备及器材

（1）小型变压器。

（2）工具：万用表、钳形电流表、锤子、厚木板、钢管、拉具、套管、钢条、温度表、电容器纸、白蜡纸、螺钉旋具、刷子、干布、绝缘胶布、演草纸、圆珠笔、劳保用品等。

4．实施方法与步骤

1）小型变压器的拆卸

由于小型变压器铁心一般采用交错式叠片方法进行叠制，因此它的拆卸难度比较大。它的铁心又分为 E 形和 F 形两种，E 形铁心的拆卸较 F 形铁心稍微容易，下面以 E 形铁心为例介绍。

（1）将铁心四角的紧固螺钉拆去。

（2）用电工刀撬开 E 形铁心片和 I 形铁心片之间的缝隙，再逐步取出 I 形铁心片，如图 2-19 所示。

图 2-19　E 形铁心的拆卸

（3）全部（或大部分）I形铁心片取出后，再用敲打法设法取出 E 形铁心片，E 形铁心片的取出难度一般较大，要耐心细致，不能损坏铁心片。若实在无法取出，则只有在绕组的侧面把损坏的绕组锯开，再取出铁心片。

2）小型变压器绕组的重绕

（1）框架的制作。按该变压器的绕组参数在绕组框架上重绕绕组，如框架已损坏，则可按原框架尺寸形状用绝缘纸板重做，或重新计算制作框架。

（2）制作木芯。木芯的作用是穿在绕线机轴上，用以支撑线圈骨架，方便绕线，如图 2-20 所示。木芯通常按铁心中心柱（如图 2-21 所示）$a \times b$ 稍大一点的尺寸 $a' \times b'$ 制作，木芯的高 h' 应比铁心窗口高度 h 稍小一些，木芯中心孔必须钻垂直，孔径为 10 mm。为了使绕组绕好后连同骨架一起能方便地取出，木芯边角应用砂布磨成略呈圆形。

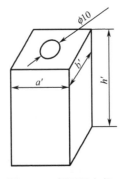

图 2-20 变压器木芯

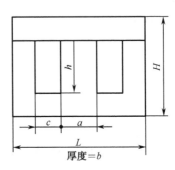

图 2-21 小型变压器硅钢片尺寸

（3）制作骨架。线圈骨架分纸质无框骨架和有框骨架。骨架起支撑绕组和对铁心绝缘的作用。因此，骨架应具有一定的绝缘性能和机械强度。

无框骨架一般采用压制板制作。制作时，在压制板上截取宽 h'，h' 应比铁心窗口高度 h 短 1 mm 左右，即

$$L = 2(b'+t) + a' + 2(a'+t) = 2b' + 3a' + 4t$$

式中，t 为压制板厚度。

按图 2-22（a）中虚线用电工刀划出浅沟，沿沟痕折成四方形。

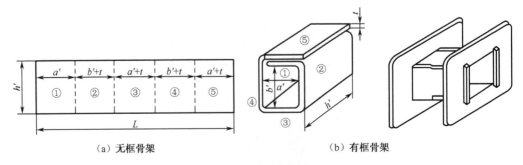

（a）无框骨架　　　　　　　　　　　（b）有框骨架

图 2-22 变压器骨架

有框骨架用于绕组要求较高的变压器。框架采用钢板或玻纤板制作。板材不易过厚，过厚则会减小铁心窗口的有效绕线面积。由两端的两块框板和四侧的两种形状夹板拼合成

为一个完整的骨架，如图 2-22（b）所示。有框骨架制作较困难，对应标准型铁心尺寸，一般可以在市场上购得。

（4）准备绝缘材料。按约等于 h 的宽度剪裁好绝缘带备用。各线圈间的绝缘一般用聚酯薄膜青壳绝缘纸。层间绝缘用 0.015 mm 电容器纸、白蜡纸或其他绝缘纸均可。

（5）绕制线圈。首先将线圈骨架套上木芯，穿入绕线机轴上，上好夹板夹紧，如图 2-23（a）所示。将绕线机上的计数转盘调零。起绕时，在骨架上垫好绝缘层，然后在导线引线处压入一条绝缘带的折条，将最初一匝穿过白布带的"环"中，然后压上若干匝导线，以便抽紧初始线头，如图 2-23（b）所示。绕制时要求线圈紧密、平整、不出现叠线。其要领是：持导线的手以工作台边缘为支撑点，将导线稍微拉向绕组前进的方向 5°～10° 的倾角，拉线的手顺绕线前进方向慢慢移动，拉力的大小随导线线径的大小而变化，能使导线绕紧即可。每绕完一层绕组应垫层间绝缘。一组绕组接近结束时，要垫上一条绝缘带折条，继续绕制，当该绕组结束时，检查匝数无误后，留足余量剪断导线，将剪断后的线头插入折条缝中，完成线圈的线尾固定，如图 2-23（c）所示。每绕完一组绕组要垫好绕组间的绝缘带，并用万用表做线圈的通路检查。线圈所有绕组均绕制完后，应用绝缘材料聚酯薄膜青壳绝缘纸包好，再用纱线将引出线绑扎在线圈表面，然后再包上绝缘带，完成线圈的绝缘包扎。

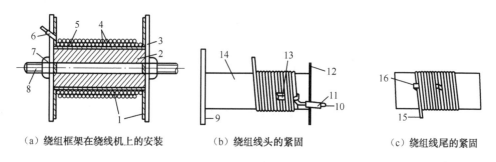

（a）绕组框架在绕线机上的安装　　（b）绕组线头的紧固　　（c）绕组线尾的紧固

1、9—绕组骨架；2—木芯；3—夹板；4—层间绝缘；5—导线；6、11—套管；7—螺母；

8—机轴；10—绕组线头；12—绝缘衬垫；13、16—黄蜡带；14—第一层层间绝缘；15—绕组

图 2-23　绕制绕组时的安装与紧固方法

绕制线圈时应先在铁心中心柱的侧面。线圈导线线径在 0.3 mm 以上，可直接作为引出线；如果线径较细，则应用多股软线焊接并处理好绝缘后引出。

电子设备中的电源变压器，需要在一、二次绕组间设置静电屏蔽层。屏蔽层可用厚度约 0.1 mm 的铜箔或油质电容器的金属箔制作，其宽度比骨架长度稍短 1～3mm，匝数为一匝且不能自行短路，铜箔上焊接一根多股软线作为引出接地线；也可用线径为 0.12～0.15mm 的漆包线密绕一层，一端处理好绝缘留在线圈内，另一端的引出线作为接地线。线圈的层次顺序是：先绕一次绕组，再绕静电屏蔽层，然后绕二次绕组，按高压绕组至低压一次叠绕。

小型变压器绕组绕完后，也有做浸漆处理的，也有不再做绝缘处理的，可视情况选取。

3）变压器绕组同名端的判定

（1）分析法。

对两个绕向已知的绕组而言，可这样判断：当电流从两个同极性端流入（或流出）时，铁心中所产生的磁通方向是一致的。如图 2-13 所示，1 端和 3 端为同名端，电流从这两个端点流入时，它们在铁心中产生的磁通方向相同。同样可判断图 2-15 中的两个绕组，1 端和 4 端为同名端。

（2）实验法。

对于一台已经制成的变压器，无法从外部观察其绕组的方向，因此无法辨认其同名端，此时可用实验的方法进行测定，测定的方法有交流法和直流法两种。

① 交流法：如图 2-24 所示，将一、二次绕组各取一个连接端连接在一起，如图中的 2（即 U_2）和 4（即 u_2）并在一个绕组上（在图 2-24 中为 N_1 绕组），加一个较低的交流电压 u_{12}，再用交流电压表分别测量 U_{12}、U_{13}、U_{34} 各值，如果测量结果为：$U_{13}=U_{12}-U_{34}$，则说明 N_1、N_2 绕组为反极性串联，故 1 和 3 为同名端。如果 $U_{13}=U_{12}+U_{34}$，则 1 和 4 为同名端。

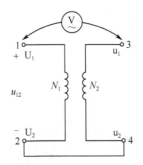

图 2-24　测定同名端的交流法

② 直流法：用 1.5 V 或 3 V 的直流电源，按图 2-25 所示连接，直流电源接在高压绕组上，而直流毫伏表接在低压绕组两端。当开关 S 合上的一瞬间，如毫伏表指针向正方向摆动，则接直流电源正极的端子与接直流毫伏表正极的端子为同名端。

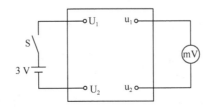

图 2-25　测定同名端的直流法

4）小型变压器的装配

按拆卸相反的步骤进行装配，装配时应注意 E 形铁心片与 I 形铁心片接缝（间隙）应越小越好。通常将 2～3 片 E 形铁心片叠合在一起，再交错进行装配。

5）小型变压器的测试

（1）绝缘电阻值的测定。修后或重绕的变压器线圈，用 500 V 兆欧表检查各绕组间及对地绝缘电阻应大于 1 MΩ。

 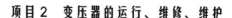

（2）各绕组电压值的测量。将被测变压器一次绕组接入可调电源，并调至额定电压值，再测量二次绕组电压值，应符合原变压器的电压值。

（3）满载电流试验。将一次绕组接额定电压，二次绕组接满负载，输出额定电流，然后检查变压器各部分温升情况，60℃以下为正常。如果温升超过 60℃，则有可能是变压器线圈内部有短路现象或线圈匝数不够。

知识拓展3　　自耦变压器和仪用变压器

1. 自耦变压器

普通双绕组变压器的一次、二次绕组之间只有磁的耦合，没有电的直接联系。自耦变压器（如图 2-26 所示）和双绕组变压器不同，它的结构特点是：一次、二次绕组共用一部分绕组，一次、二次绕组之间不仅有磁的耦合，还有电的直接联系。

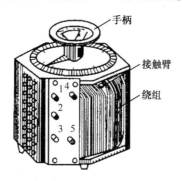

图 2-26　自耦变压器

自耦变压器的主要特点如下：

（1）当额定容量相同时，自耦变压器比普通双绕组变压器所用材料省、尺寸小和效率高，这是其主要优点。K 越接近于 1，绕组容量越小，其优点显著。一般电力系统用的自耦变压器的变压比取 $K=1.25\sim2$，经济效益很高。

（2）由于自耦变压器一次和二次绕组之间有直接的电联系，因此，为防止一次侧过电压时引起二次侧严重过电压，要求自耦变压器的中点必须可靠接地，并且一次侧和二次侧都要装避雷器。

自耦变压器有单相和三相，三相自耦变压器要可靠接地。在电力系统中，自耦变压器主要用来连接电压等级相近的输电系统；在工厂中，自耦变压器常用做异步电动机的启动补偿器；在实验室中，常用自耦变压器做调压器。

2. 仪用互感器

仪用互感器是电力系统中用来测量大电流、高电压的特殊变压器。使用互感器有两个目的：一是使测量回路与被测回路隔离，从而保证人员和设备的安全；二是可以使用小量程的电流表和电压表测量大电流和高电压。仪用互感器分为电流互感器和电压互感器两大类，下面分别介绍。

1）电流互感器

电流互感器是用来测量大电流的仪用互感器。电流互感器均制成单向的，一次绕组由一匝或几匝粗导线组成，串接在被测回路中；二次绕组由匝数较多的细导线组成，与阻抗很小的仪表串联组成闭合回路。因此，电流互感器相当于短路运行的升压变压器。

电流互感器利用一次和二次绕组匝数的不同，可将线路的大电流转换成小电流测量。通常电流互感器一次绕组的额定电流范围为 10～2500 A，二次绕组的额定电流为 5 A，并且当与测量仪表配套使用时，电流表按一次绕组的电流值标出，即可从电流表上直接读出被测电流值。另外，二次绕组还可以有很多抽头，可根据被测电流的大小适当选择。

实际上，电流互感器内总有一定的励磁电流，所以测量的电流总有一定的误差。根据误差的大小，通常互感器分为 0.2、0.5、1.0、3.0 和 10.0 五个等级，并且级数越大，误差越大。

使用电流互感器时必须注意以下几点：

（1）运行时二次绕组绝对不允许开路。如果二次绕组开路，电流互感器就成为了空载运行，被测回路的大电流就成为互感器的励磁电流，它将使铁心严重饱和，一方面造成铁心过热而损坏绕组绝缘；另一方面，在二次绕组将会感应产生过电压，可能击穿绝缘，危及操作人员和仪表的安全。因此，电流互感器二次绕组中不允许装熔断器，运行中如果需要拆下测量仪表，应先将二次绕组短接。

（2）铁心和二次绕组必须可靠接地，以避免绝缘损坏时，一次侧的高电压传到二次侧，危及操作人员和仪表的安全。

（3）在电流互感器二次绕组回路中，所串入仪表阻抗不应超过有关技术标准的规定，以免使检测误差增大，降低了电流互感器的精度，为此电流表不能串得太多。

工程上常用来检测带电线路电流的一种钳形电流表，其工作原理与电流互感器相同。它的铁心像一把钳子可以张合，在测量带电线路时，可将被测线路夹于其中，此时被测线路为一次绕组（匝数 $N_1=1$），利用电磁感应作用，可在与二次绕组串联的电流表上直接读出被测线路的电流值。一般钳形电流表都有几个量程，可根据被测电流值适当选择。

2）电压互感器

电压互感器是用来测量高电压的仪用互感器。与电流互感器相反，电压互感器的一次绕组匝数很多，并且并联在被测线路上；二次绕组匝数较少，与阻抗很大的仪表连接组成闭合回路，因此二次侧电流很小。电压互感器相当于空载运行的降压变压器。

电压互感器利用一次和二次绕组匝数不同，可将线路的高电压转换成二次侧的低电压来测量。通常将电压互感器二次绕组的额定电压设计为 100 V，并且当与测量仪表配套使用时，电压表也按一次绕组的电压值标出，即可从电压表上直接读出被测电压值。另外，与电流互感器不同，电压互感器在一次绕组还可以有很多抽头，可以根据被测线路电压的大小选择适当电压比。

实际上，由于空载电流、一次绕组和二次绕组漏阻抗的存在，电压互感器测量的电压值总有一定的变压比误差和相位误差。根据误差的大小，电压互感器分为 0.2、0.5、1.0 和 3.0 四个等级。

使用电压互感器时必须注意以下几点。

（1）运行时二次绕组绝对不允许短路。如果二次绕组发生短路，就会产生很大的短路

电流而烧坏电压互感器。因此，与电流互感器不同，电压互感器使用时在二次绕组中应串联熔断器作为短路保护。

（2）铁心和二次绕组必须可靠接地，以防止高压绕组绝缘损坏时，铁心和二次绕组带上高电压，危及操作人员和仪表的安全。

（3）由于电压互感器有一定的额定容量，故使用时二次侧不宜并接太多的电压表线圈，以免电流过大引起较大的短路阻抗压降，而降低电压互感器的精度等级。

习　题　2

1. 变压器有哪些主要额定值？它们的含义是什么？

2. 一台三相变压器 $S_N = 500\ \text{kV·A}$，$U_{1N}/U_{2N} = 10\ \text{kV}/6.3\ \text{kV}$，Y，d联结，求一、二次侧的额定电流。

3. 一台变压器，一次绕组由两个同样的额定电压为3000 V的线圈组成。二次绕组由两个同样的额定电压为230 V的线圈组成。问这台变压器可以有哪几种电压比的联结法，每种联结法一次侧和二次侧的额定电压为多少？

4. 问什么变压器的空载损耗可以看成铁损耗？短路损耗可以看成铜损耗吗？负载时的铁损耗与空载损耗有多大差别？负载时的铜损耗与短路损耗有多大差别？

5. 电流互感器正常工作时相当于普通变压器的什么状态？使用时有哪些注意事项？为什么二次侧不能开路？为了减小误差，设计时应注意什么？

项目 3　水塔的电气控制

学习目标

本项目主要通过完成水塔的电气控制任务，介绍和认识所采用的低压电器元件；了解其图形符号和文字符号，学习电气原理图的画法规则及识图方法；掌握基本控制环节的电路构成及原理；实践并掌握水塔的具体电气控制电路及控制方法。

任务 4 水塔的人工控制

任务描述

水塔的作用是通过水泵把地下水抽到水塔内储存，保证供水系统有一定的压力。水塔结构示意图如图 3-1 所示，水塔的水泵则采用笼型三相交流异步电动机拖动，因此，水塔的电气控制实际上就是根据水位情况对三相异步电动机进行工作状态的控制，即依据控制要求对三相交流异步电动机进行控制电路设计及实施。

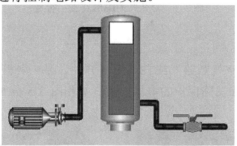

图 3-1 水塔结构示意图

知识链接

3.1 常用低压电器

3.1.1 刀开关

刀开关是一种手动电器，广泛应用于配电设备作为隔离电源用，有时也用于小容量不频繁启动/停止的电动机直接启动控制。刀开关由手柄、触刀、静插座、铰链支座和绝缘底板等组成。

下面以 HK2 系列刀开关为例进行介绍。这种开关可用于小容量交流异步电动机的不频繁直接启动和停止，以及电路的隔离开关、小容量电源的开关等。图 3-2 为 HK2 系列刀开关的结构和外形图。

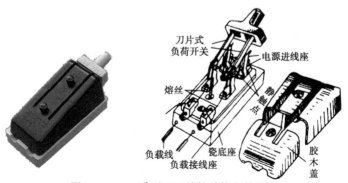

图 3-2 HK2 系列刀开关的结构和外形图

本系列开关是由刀开关和熔断体组合而成的一种电器，装在一块瓷底板上，上面覆着胶盖以保证用电的安全。它的结构简单，操作方便。熔丝（又称保险丝）动作后（即熔断后），只要加以更换就可以了。图 3-3 为刀开关的图形及文字符号。

HK2 系列刀开关根据控制回路的电源种类、电压等级和电动机的额定电流（或额定功率）进行选择。

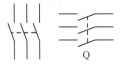

图 3-3　刀开关的图形及文字符号

3.1.2　断路器

低压断路器又称自动空气断路器或自动空气开关，是一种既有手动开关作用，又能自动进行欠压、失压、过载和短路保护的电器。图 3-4 和图 3-5 分别为 DZ20 系列及 DZ47-63 系列低压断路器。

图 3-4　DZ20 系列低压断路器

图 3-5　DZ47-63 系列低压断路器

低压断路器有单极、双极、三极、四极断路器四种，可用于电源电路、照明电路、电动机主电路的分合及保护等。图 3-6 为低压断路器图形及文字符号。

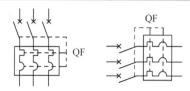

图 3-6　低压断路器的图形及文字符号

1．低压断路器的结构

低压断路器主要由主触头、操作机构、脱扣器和灭弧装置等组成。

1）主触头

主触头用来接通和分断主电路。当低压断路器的手柄被推上时，主触头闭合，接通电路，当手柄被落下时，主触头断开，切断电路。

2）操作机构

操作机构是实现低压断路器闭合及断开的机构，分为机械式和电动式两种。

3）脱扣器

当电路出现故障时，脱扣器会感测到故障信号。如过电流、过载、欠电压、失电压出现时，相应的脱扣器动作，经自由脱扣器将主触头断开。

4）灭弧装置

主触头上装有灭弧装置，目的是为了提高分断能力。

2．低压断路器的工作原理

图 3-7 为三极低压断路器的工作原理图。图 3-7 中 1 为分闸弹簧、2 为主触头、3 为传动杆、4 为锁扣、5 为轴、6 为过电流脱扣器、7 为热脱扣器、8 为欠压失压脱扣器、9 为分励脱扣器。

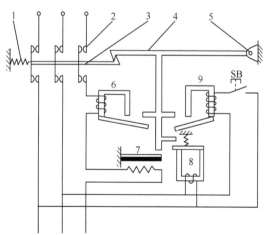

1—分闸弹簧；2—主触头；3—传动杆；4—锁扣；5—轴；

6—过电流脱扣器；7—热脱扣器；8—欠压失压脱扣器；9—分励脱扣器

图 3-7　三极低压断路器的工作原理图

当低压断路器的手柄推上后，主触点 2 闭合，三相电路接通，传动杆 3 被锁扣 4 钩住。如果主电路出现过电流现象，则过电流脱扣器 6 的衔铁吸合，顶杆将锁扣 4 顶开，主触点在分闸弹簧 1 的作用下复位，断开主电路，起到保护作用。如果出现过载现象，热脱扣器 7 将锁扣 4 顶开，如果出现欠压失压现象，欠压失压脱扣器 8 将锁扣 4 顶开。分励脱扣器 9 可由操作人员控制，使低压断路器跳闸。

低压断路器的品种繁多，生产厂家较多，有国产的，有进口的，也有合资生产的。典型产品有 DZ15 系列、DZ20 系列、3VE 系列、3VT 系列、S060 系列、DZ47-63 系列等。选用时一定要参照生产厂家产品样本介绍的技术参数进行。

3. 低压断路器的主要技术参数

1）额定电压

断路器长期工作时的允许电压。

2）额定电流

脱扣器允许长期通过的电流。如果电路中通过的电流大于额定电流一定值时，脱扣器动作，断开主触点。

3）壳架等级额定电流

壳架中能安装的最大脱扣器的额定电流。

4）通断能力

能够接通和分断短路电流的能力。

5）保护特性

断路器动作时间与动作电流的函数曲线。

3.1.3 熔断器

熔断器是一种用于过载与短路保护的电器。熔断器是线路中人为设置的"薄弱环节"，要求它能承受额定电流，而当短路发生的瞬间，则要求其充分显示出薄弱性来，首先熔断，从而保护电器设备的安全。熔断器主要由熔体、触头及绝缘底板（底座）等部分组成。

1. 熔断器的分类与常用型号

熔断器按结构形式主要分为半封闭插入式、无填料密封管式、有填料密封管式等。按用途分为工业用熔断器、半导体器件保护用熔断器、特殊用途用熔断器等。

熔断器的主要部件就是熔体。熔体的材料分为低熔点和高熔点材料。低熔点材料主要有铅锡合金、锌等，高熔点材料主要有铜、银、铝等。图 3-8 为 RL1、RT18 系列熔断器。

图 3-8 　RL1、RT18 系列熔断器

图 3-9 为 RC1 系列半封闭插入式熔断器和 RL1 系列螺旋式熔断器外形图。图 3-10 为熔断器的图形及文字符号。

熔断器的典型产品有 RL1、RL6、RL7、RL96、RLS2 等系列螺旋式熔断器，本类熔断器主要由瓷帽（载熔体）、熔体（芯子）及底座三部分组成。RL1B 系列熔断器，是带断相保护的螺旋式熔断器，本系列熔断器装有微动开关，其常闭触点连接于控制电路中，当主电路过载或短路时，微动开关动作从而断开控制电路，保护电动机或用电设备，避免断相运行。RT18-□X 系列熔断器具有断相自动显示报警功能。另外，还有 RT14 系列有填料封闭管式筒形帽熔断器、NT 系列有填料封闭管式刀形触头熔断器、NGT 系列半导体器件保护用熔断器等。

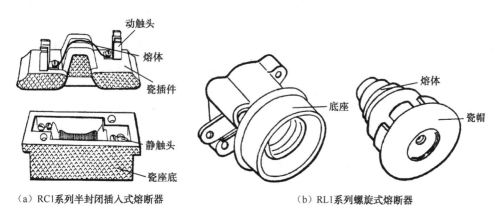

（a）RC1系列半封闭插入式熔断器　　　　　　　（b）RL1系列螺旋式熔断器

图 3-9 　熔断器外形图

熔断器无论其型号如何，无论安装形式如何，无论其附加的功能如何，其主要作用只有一个，那就是电流过大后其熔体过热而熔断，从而断开电路，保护电路中的用电设备。

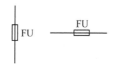

图 3-10 　熔断器的图形及文字符号

2．熔断器的主要技术参数

1）额定电压

熔断器长期工作时能够正常工作的电压。

2）额定电流

熔断器长期工作时允许通过的最大电流。熔断器一般是起保护作用的，负载正常工作时，电流是基本不变的，熔断器的熔体要根据负载的额定电流进行选择，只有选择合适的熔体，才能起到保护电路的作用。

3）极限分断能力

熔断器在规定的额定电压下能够分断的最大电流值。它取决于熔断器的灭弧能力，与熔体的额定电流无关。

3.1.4 漏电保护装置

1．作用

主要用于当发生人身触电或漏电时，能迅速切断电源，保障人身安全，防止触电事故。有的漏电保护器还兼有过载、短路保护，用于不频繁启、停电动机。

2．工作原理

图 3-11 所示为漏电保护器原理图。当正常工作时，无论三相负载是否平衡，通过零序电流互感器主电路的三相电流相量之和等于零，故其二次绕组中无感应电动势产生，漏电保护器工作于闭合状态。如果发生漏电或触电事故，三相电流之和便不再等于零，而等于某一电流值 I_s。I_s 会通过人体、大地、变压器中性点形成回路，这样零序电流互感器二次侧产生与 I_s 对应的感应电动势，加到脱扣器上，当 I_s 达到一定值时，脱扣器动作，推动主开关的锁扣，分断主电路。

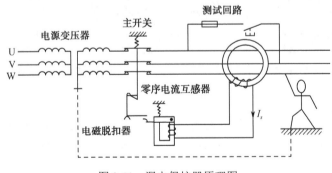

图 3-11　漏电保护器原理图

3．参数与类型

参数：额定电流，额定漏电动作电流，额定漏电动作时间。

类型：按动作方式可分为电压动作型和电流动作型；按动作机构可分为开关式和继电器式；按极数和线数可分为单极二线、二极、二极三线等。

4．选择

漏电保护器应按使用目的和供电方式选用。

按使用目的选用：

（1）以防止人身触电为目的。安装在线路末端，选用高灵敏度、快速型漏电保护器。

（2）以防止触电为目的、与设备接地并用的分支线路，选用中灵敏度、快速型漏电保护器。

（3）用以防止由漏电引起的火灾，以保护线路、设备为目的的干线，应选用中灵敏度、延时型漏电保护器。

按供电方式选用：

（1）保护单相线路（设备）时，选用单极二线或二极漏电保护器。

（2）保护三相线路（设备）时，选用三极产品。

（3）既有三相又有单相时，选用三极四线或四极产品。

5．使用方法

（1）在选定漏电保护器的极数时，必须与被保护的线路的线数相适应。

（2）安装在电度表和熔断器后检查漏电可靠度，定期校验。

3.1.5　控制按钮

控制按钮是一种低压控制电器，同时也是一种低压主令电器。控制按钮除常开触头或常闭触头外，还具有常开和常闭触头的复式按钮。其触头对数有1常开1常闭，2常开2常闭，直至6常开6常闭。对复式按钮来说，按下按钮时，它的常闭触头先断开，经过一个很短时间后，它的常开触头再闭合。有些控制按钮内装有信号灯，除用于操作控制外，还可兼作信号指示。

1．控制按钮的组成与结构形式

控制按钮一般由按钮、复位弹簧、触头和外壳等部分组成。图 3-12 为控制按钮的原理和外形图，图 3-13 为控制按钮的图形及文字符号。

（a）LA10系列按钮

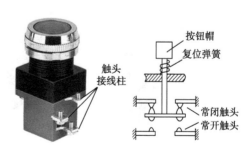

（b）LA19系列按钮

图 3-12　控制按钮的原理和外形图

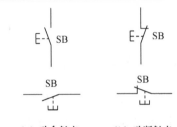

（a）动合触点　　　（b）动断触点

图 3-13　控制按钮的图形及文字符号

控制按钮可以做成很多形式以满足不同的控制或操作的需要，结构形式有：钥匙式，按钮上带有钥匙以防止误操作；旋转式（又叫钮子开关），以手柄旋转操作；紧急式，带突出于外的蘑菇钮头，常作为急停用，一般采用红色；掀钮式，用手掀钮操作；保护式，能防止偶然触及带电部分。控制按钮的颜色可分为：红、黄、蓝、白、绿、黑等，操作人员可根据按钮的颜色进行辨别和操作。

2．控制按钮的主要技术参数及常用型号

控制按钮的主要技术参数有额定电压、额定电流、结构形式、触头数及按钮的颜色等。常用的控制按钮其额定电压一般为交流 380 V，额定工作电流为 5 A。

常用的控制按钮有 LA10、LA18、LA19、LA20、LA25 系列，以及进口和合资生产的产品。

3.1.6　接触器

接触器是低压电器中的主要品种之一，广泛应用于电力传动系统中，用来频繁地接通和分断带有负载的主电路或大容量的控制电路，并可实现远距离的自动控制。接触器主要应用于电动机的自动控制、电热设备的控制以及电容器组等设备的控制等。

接触器根据操作原理的不同可分为：电磁式、气动式和液压式。绝大多数的接触器为电磁式接触器。根据接触器触头控制负载的不同可分为：直流接触器（用做接通和分断直流电路的接触器）和交流接触器（用做接通和分断交流电路的接触器）两种。此外接触器还可按它的冷却情况分为自然空气冷却、油冷和水冷三种，绝大多数的接触器是空气冷却式。在此主要介绍最常用的空气电磁式交流接触器。

图 3-14 所示为交流接触器图片，图 3-15 所示为交流接触器外形图。

（a）CJ20 系列交流接触器　　　（b）CJX1 系列交流接触器　　　（c）NC1 系列交流接触器

图 3-14　交流接触器图片

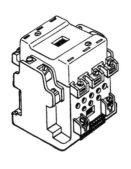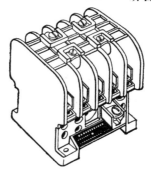

图 3-15　交流接触器外形图

图 3-16 所示为交流接触器的结构和触头系统示意图，图 3-17 为交流接触器的图形及文字符号。

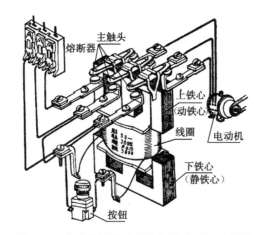

图 3-16　交流接触器的结构和触头系统示意图

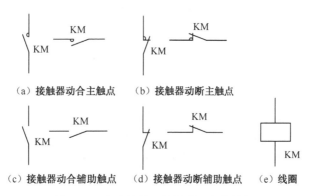

（a）接触器动合主触点　　（b）接触器动断主触点

（c）接触器动合辅助触点　　（d）接触器动断辅助触点　　（e）线圈

图 3-17　交流接触器的图形及文字符号

1．交流接触器的构造和工作原理

交流接触器主要由以下四部分组成。

（1）电磁系统：包括线圈、上铁心（又叫衔铁、动铁心）和下铁心（又叫静铁心）。

（2）触头系统：包括主触头、辅助触头。辅助常开和常闭触头是联动的，即辅助常闭触头打开时辅助常开触头闭合。

接触器的主触头的作用是接通和断开主电路，辅助触头一般接在控制电路中，完成电路的各种控制要求。

（3）灭弧室：触头开、关时产生很大电弧会烧坏主触头，为了迅速切断触头开、关时的电弧，一般容量稍大些的交流接触器都有灭弧室。

（4）其他部分：包括反作用弹簧、缓冲弹簧、触头压力弹簧片、传动机构、短路环、接线柱等。

接触器的线圈和静铁心固定不动。当线圈得电时，铁心、线圈产生电磁吸力，将动铁心吸合，由于动触片与铁心都是固定在同一根轴上的，因此动铁心就带动动触片向下运动，与静触片接触，使电路接通。当线圈断电时，吸力消失，动铁心依靠反作用弹簧的作用而分离，动触头就断开，电路被切断。

2．接触器的主要技术参数

接触器的主要技术参数有极数、电流种类、额定工作电压、额定工作电流（或额定控制功率）、线圈额定电压、线圈的启动功率和吸持功率、额定通断能力、允许操作频率、机械寿命和电寿命、使用类别等。

（1）极数：接触器主触头个数。极数分为两极、三极和四极。用于三相异步电动机启停控制的一般选用三极接触器。

（2）接触器电流种类：主电路分为直流和交流，所以接触器分为直流接触器和交流接触器。直流接触器用于直流主电路的接通与断开，交流接触器用于交流主电路的接通与断开。

（3）额定工作电压：主触头之间的正常工作电压，即主触头所在电路的电源电压。交流接触器额定工作电压有 127 V、220 V、380 V、500 V、660 V 等。直流接触器额定工作电压有 110 V、220 V、380 V、500 V、660 V 等。

（4）额定工作电流：主触头正常工作的电流值。交流接触器的额定工作电流有 10 A、20 A、40 A、60 A、100 A、150 A、400 A、600 A 等。直流接触器的额定工作电流有 40 A、80 A、100 A、150 A、400 A、600 A 等。

（5）线圈额定电压：电磁线圈正常工作的电压值。交流线圈有 127 V、220 V、380 V，直流线圈有 110 V、220 V、440 V。

（6）机械寿命和电寿命：机械寿命为接触器在空载情况下能够正常工作的操作次数。电寿命为接触器有载操作次数。

（7）使用类别：不同的负载，对接触器的触头要求不同，要选择相应使用类别的接触器。AC 为交流接触器的使用类别，DC 为直流接触器的使用类别。AC1 和 DC1 类允许接通和分断额定电流，AC2、DC3 和 DC5 类允许接通和分断 4 倍的额定电流，AC3 类允许接通 6 倍的额定电流和分断额定电流，AC4 允许接通和分断 6 倍的额定电流。

AC1 类主要用于无感或微感负载、电阻炉；AC2 类主要用于绕线转子异步电动机的启动、制动；AC3 类主要用于笼型异步电动机的启动、运转中分断；AC4 类主要用于笼型异步电动机的启动、反接制动、反向和点动等。

3．常用典型交流接触器

常用的典型交流接触器有 CJX1、CJX2、CJ20、CJ21、CJ26、CJ35、CJ40、NC1、B、

LC3-D、3TB、3TF 等系列。

CJX1 系列交流接触器适用于交流 50 Hz 或 60 Hz、电压至 660 V、额定电流至 630 A 的电力线路中，供远距离频繁启动和控制电动机及接通与分断电路，经加装机械联锁机构后，组成 CJX1 系列可逆接触器，可控制电动机的启动、停止及反转。本产品是引进德国西门子公司制造技术的产品，性能等同于 3TB、3TF。

CJX2 系列交流接触器适用于交流 50 Hz 或 60 Hz、电压至 660 V、电流至 95 A 的电力线路中，供远距离接通与分断电路及频繁启动、控制交流电动机，接触器还可组装成积木辅助触头组、空气延时头、机械联锁机构等附件，组成延时接触器、可逆接触器、星三角启动器，并且可以和热继电器直接插接安装，组成电磁启动器，保护过载的电路。

CJ20 系列交流接触器主要用于交流 50 Hz（60 Hz）、额定电压至 660 V（个别等级至 1140 V）、电流至 630 A 的电力线路中，供远距离频繁接通和分断电路以及控制交流电动机，并与适当的热继电器或电子式保护装置组合成电动机启动器，以保护电路或交流电动机可能发生的过负荷及断相。

CJ20 系列接触器型号含义如下：

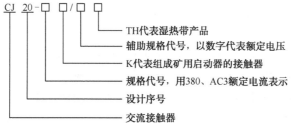

3TB 和 3TF 系列交流接触器适用于交流 50 Hz 或 60 Hz、额定工作电压达 660 V 的电路系统，在 AC3 制下额定工作电压可达 380 V，额定工作电流达 630 A，供控制电动机及系统并接通、分断电路用。此产品与 3UA 系列热过载继电器联用形成电磁启动器，对电动机及配电系统进行过载和断相保护。

B 系列接触器是引进德国 ABB 公司技术生产的。B 系列交流接触器主要用于交流 50 Hz 或 60 Hz，额定电压至 660 V，额定电流至 475 A 的电力线路中，供远距离接通与分断电力线路或频繁地控制交流电动机之用，具有失压保护作用。

4．接触器的选择

1）接触器的类型选择

根据电路中负载电流的种类进行选择。交流负载应选用交流接触器，直流负载应选择直流接触器。如果控制系统中主要是交流负载，直流电动机或直流负载的容量较小，也可以都选用交流接触器来控制，但触头的额定电流应选得大一些。

2）选择接触器的额定工作电压

接触器的额定工作电压应等于或大于负载的额定电压。

3）选择接触器的额定工作电流

被选用的接触器的额定工作电流应不小于负载电路的额定电流。也可根据所控制的电动机最大功率进行选择。如果接触器是用来控制电动机的频繁启动、正反或反接制动等场合，应将接触器主触头的额定电流降低使用，一般可降低一个等级。

4）根据控制电路要求确定线圈工作电压和辅助触头容量

如果控制线路比较简单，所用接触器的数量较少，则交流接触器的线圈电压一般直接选用 380 V 或 220 V。如果控制线路比较复杂，使用的电器又比较多，为了安全起见，线圈额定电压可选低一些，这时需要增加一台控制变压器。直流接触器线圈的额定电压应视控制电路的情况而定。而同一系列、同一容量等级的接触器，其线圈的额定电压有好几种，可以选线圈的额定电压和直流控制电路的电压一致。直流接触器的线圈是加直流电压，交流接触器的线圈一般加交流电压。有时为了提高接触器的最大操作频率，交流接触器也有采用直流线圈的。如果把直流电压的线圈加上交流电压，因阻挠太大，电流太小，接触器往往不吸合。如果将交流电压的线圈加上直流电压，则因电阻太小，电流太大，会烧坏线圈。

3.1.7 热继电器

电动机工作时，正常的温升是允许的，但是如果电动机在过载情况下工作，就会过度发热造成绝缘材料迅速老化，使电动机寿命大大缩短。为了防止上述情况产生，常采用热继电器作为电动机的过载保护。

热继电器是电流通过发热元件产生热量来使检测元件受热弯曲，推动执行机构动作的一种保护电器。主要用来保护电动机或其他负载免于过载，以及作为三相电动机的断相保护等。图 3-18 为热继电器图片，图 3-19 为热继电器的图形及文字符号，图 3-20 为双金属片式热继电器结构原理图。

（a）JR36 系列热继电器　　　　（b）NRE8 电子式热继电器

图 3-18　热继电器图片

1．热继电器的结构和工作原理

热继电器主要由感温元件（或称热元件）、触头系统、动作机构、复位按钮、电流调节装置、温度补偿元件等组成。

感温元件由双金属片及绕在双金属片外面的电阻丝组成。双金属片是由两种膨胀系数不同的金属以机械碾压的方式而成为一体的。使用时将电阻丝串联在主电路中，触头串联在控制电路中。

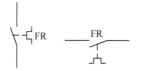

（a）热继电器动合触点

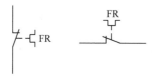

（b）热继电器动断触点

图 3-19 热继电器的图形及文字符号

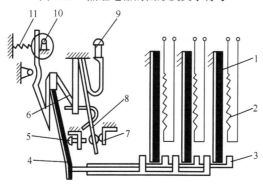

1—主双金属片；2—电阻丝；3—导板；4—补偿双金属片；5—螺钉；6—推杆；

7—静触头；8—动触头；9—复位按钮；10—调节凸轮；11—弹簧

图 3-20 双金属片式热继电器结构原理图

当过载电流流过电阻丝时，双金属片受热膨胀，因为两片金属的膨胀系数不同，所以就弯向膨胀系数较小的一面，利用这种弯曲的位移动作，切断热继电器的常闭触头，从而断开控制电路，使接触器线圈失电，接触器主触头断开，电动机便停止工作，起到了过载保护的作用。在过载故障排除后，要使电动机再次启动，一般需 2 min 以后，待双金属片冷却，恢复原状后再按复位按钮，使热继电器的常闭触头复位。

2．热继电器典型产品及主要技术参数

常用的热继电器有 JRS1、JRS3、JRS5、JR36、JR20、JR21、3UA56、LR3-D、T 等系列。

JRS1（LR2-D）系列热继电器用于交流 50 Hz（或 60 Hz）、额定电压至 660 V 的电力系统中，用做交流电动机的过载和断相保护。

JR36 系列热继电器适用于交流 50 Hz、电压至 690 V、电流至 160 A 的长期工作或间断长期工作的一般交流电动机的过载保护。继电器具有断相保护，温度补偿，脱扣指示功能，并能自动与手动复位。

JRS3 系列热继电器适用于交流 50/60 Hz，电压至 690～1000 V，电流为 0.3～180 A 的长期工作或间断长期工作的一般交流电动机的过载保护。继电器具有断相保护，温度补偿，脱扣指示功能，并能自动与手动复位，继电器可与接触器接插安装，也可独立安装。JRS3 系列热继电器技术数据如表 3-1 所示，JRS3 系列热继电器保护特性如表 3-2 所示。

表 3-1　JRS3 系列热继电器技术数据

型号	整定电流范围	可配接触器型号
JRS3-14.5/Z（3UA50）	0.3～0.16　0.16～0.25　0.25～0.4　0.4～0.63　0.63～1　0.8～1.25　1.0～1.6　1.25～2　1.6～2.5　2～3.2　2.5～4　3.2～5　4～6.3　5～8　6.3～10　8～12.5　10～14.5	CJX3-9～12
JRS3-25/Z（3UA52）	0.3～0.16　0.16～0.25　0.25～0.4　0.4～0.63　0.63～1　0.8～1.25　1.0～1.6　1.25～2　1.6～2.5　2～3.2　2.5～4　3.2～5　4～6.3　5～8　6.3～10　8～12.5　10～16　12.5～20　16～25	CJX3-16～22
JRS3-36/Z（3UA54）	4～6.3　6.3～10　10～16　12.5～20　20～32　25～36	CJX3-32
JRS3-45/Z（3UA55）	0.3～0.16　0.16～0.25　0.25～0.4　0.4～0.63　0.63～1　0.8～1.25　1.0～1.6　1.25～2　1.6～2.5　2～3.2　2.5～4　3.2～5　4～6.3　5～8　6.3～10　8～12.5　10～16　12.5～20　16～25　20～32　25～36　32～40　36～45	CJX1F-32～38
JRS3-63/F（3UA59）	0.3～0.16　0.16～0.25　0.25～0.4　0.4～0.63　0.63～1　0.8～1.25　1.0～1.6　1.25～2　1.6～2.5　2～3.2　2.5～4　3.2～5　4～6.3　5～8　6.3～10　8～12.5　10～16　12.5～20　16～25　20～32　25～40　32～45　40～57　50～63	CJX3-63
JRS3-88/Z（3UA58）	4 ～6.3　13～17　12.5～20　16～25　20～32　25～40　32～50　40～57　50～63　57～70　63～80　70～88	CJX3-45～85
JRS3-188/Z（3UA62）	55～80　63～90　80～120　110～135　120～150　135～160　150～180	CJX3-110～170

表 3-2　JRS3 系列热继电器保护特性

项目	整定电流倍数	动作时间	计验条件
1	1.05	＞2 h	冷态
2	1.20	＜2 h	热态
3	1.50	＜2 min	以 1 倍整定电流预热 2h
4	7.2	2 s＜T_p≤10 s	冷态

3．热继电器的选用

（1）热继电器有三种安装方式，应按实际安装情况选择其安装形式。

（2）原则上热继电器的额定电流应按电动机的额定电流选择。

（3）在不频繁启动的场合，要保证热继电器在电动机启动过程中不产生误动作。

（4）对于三角形接法的电动机，应选用带断相保护装置的热继电器。

（5）当电动机工作于重复短时工作制时，要注意确定热继电器的允许操作频率。

3.2　电气系统图的类型及有关规定

电气控制系统由电气设备和各种电气元件按照一定的控制要求连接而成。为了表达电气控制系统的组成结构、设计意图，方便分析系统工作原理及安装、调试和检修控制系统

等技术要求，需要采用统一的工程语言（图形符号和文字符号）即工程图的形式来表达，这种工程图是一种电气图，叫做电气控制系统图。

电气控制系统图一般有三种：电气原理图、电器位置图与安装接线图。电气控制系统图是根据国家电气制图标准，用规定的图形符号、文字符号以及规定的画法绘制的。

3.2.1 常用电气控制系统的符号

1. 图形符号

图形符号常用于图样或其他文件，表示一个设备或概念的图形、标记或字符。电气控制系统图中的图形符号必须按照国家标准绘制。国家电气图用符号标准 GB/T 4728 规定了电气图中图形符号的画法，国家电气制图标准 GB/T 6988 规定了电气技术领域中各种图的编制方法。国家标准中规定的图形符号基本与国际电气技术委员会（IEC）发布的有关标准相同。

图形符号包含符号要素、限定符号、一般符号以及常用的非电操作控制的动作符号（如机械控制符号等），根据不同的具体器件情况组合构成。国家标准除给出各类电气元件的符号要素、限定符号和一般符号外，也给出了部分常用图形符号及组合图形符号示例。

1）符号要素

符号要素是一种具有确定意义的简单图形，必须与其他图形组合才构成一个设备或概念的完整符号。例如，接触器常开主触点的符号就由接触器触点功能符号和常开触点符号组合而成。

2）一般符号

一般符号是表示一类产品和此类产品特征的一种简单的符号。例如，电动机可用一个圆圈表示。

3）限定符号

限定符号是用于提供附加信息的一种加在其他符号上的符号。

运用图形符号绘制电气系统图时应注意：

（1）符号尺寸大小、线条粗细依国家标准可放大与缩小，但在同一张图样中，同一符号的尺寸应保持一致，各符号间及符号本身比例应保持不变。

（2）标准中示出的符号方位，在不改变符号含义的前提下，可根据图面布置的需要旋转，或成镜像位置，但文字和指示方向不得倒置。

（3）大多数符号都可以附加上补充说明标记。

（4）有些具体器件的符号由设计者根据国家标准的符号要素、一般符号和限定符号组合而成。

（5）国家标准未规定的图形符号，可根据实际需要，按突出特征、结构简单、便于识别的原则进行设计，但需报国家标准局备案。当采用其他来源的符号或代号时，必须在图解和文件上说明其含义。

2. 文字符号

文字符号用于电气技术领域技术文件的编制，以标明电气设备、装置和元器件的名称及电路的功能、状态和特征。国家标准 GB/T 7159《电气技术中的文字符号制订通则》规定了电气工程图中的文字符号，它分为基本文字符号和辅助文字符号。

1）基本文字符号

基本文字符号有单字母符号与双字母符号两种。

单字母符号按拉丁字母顺序将各种电气设备、装置和元器件划分为 23 大类，每一类由一个专用单字母符号表示，如"C"表示电容器类。

双字母符号由一个表示种类的单字母符号与另一个字母组成，且以单字母符号在前，另一字母在后的次序列出，如"F"表示保护器件类，"FU"则表示为熔断器。

2）辅助文字符号

辅助文字符号是用来表示电气设备、装置和元器件以及电路的功能、状态和特征的。

3）补充文字符号的原则

（1）在不违背国家标准文字符号编制原则的条件下，可采用国家标准中规定的电气技术文字符号。

（2）在优先采用基本和辅助文字符号的前提下，可补充国家标准中未列出的双字母文字符号和辅助文字符号。

（3）使用文字符号时，应按电气名词术语国家标准中规定的英文术语缩写而成。

（4）基本文字符号不得超过两位字母，辅助文字符号一般不超过三位字母。文字符号采用拉丁字母大写正体字，且拉丁字母中"I"和"O"不允许单独作为文字符号使用。

3．主电路各接点标记

三相交流电源引入线采用 L1、L2、L3 标记。

电源开关之后的三相交流电源主电路分别按 U、V、W 顺序标记。

分级三相交流电源主电路采用三相文字代号 U、V、W 加上阿拉伯数字 1、2、3 等来标记，如 U1、V1、W1；U2、V2、W2 等。

各电动机分支电路各接点标记采用三相文字代号后面加数字来表示，数字中的个位数表示电动机代号，十位数字表示该支路各接点的代号，从上到下按数值大小顺序标记，如 U11 表示 M1 电动机的第一相的第一个接点代号。

电动机绕组首端分别用 U、V、W 标记，尾端分别用 U′、V′、W′标记。双绕组的中点则用 U″、V″、W″标记。

控制电路采用阿拉伯数字编号，一般由三位或三位以下的数字组成，标注方法按"等电位"原则进行。在垂直绘制的电路中，标号顺序一般由上而下编号，凡是被线圈、绕组、触点或电阻、电容等元件所间隔的线段，都应标以不同的电路标号。

3.2.2 电气控制系统图

1．电气原理图

电气原理图是根据电气控制系统的工作原理，采用电器元件展开的形式，利用图形符号和项目代号来表示电路各电气元件中导电部件和接线端子的连接关系及工作原理。电气原理图并不按电器元件的实际布置来绘制，而是根据它在电路中所起的作用画在不同的部位上。

电气原理图的绘制规则由国家标准 GB/T 6988 中给出。它具有结构简单、层次分明的特点，适于研究和分析电路工作原理，在设计研发和生产现场等各方面得到广泛的应用。图 3-21 为 CW6132 型普通车床电气原理图。

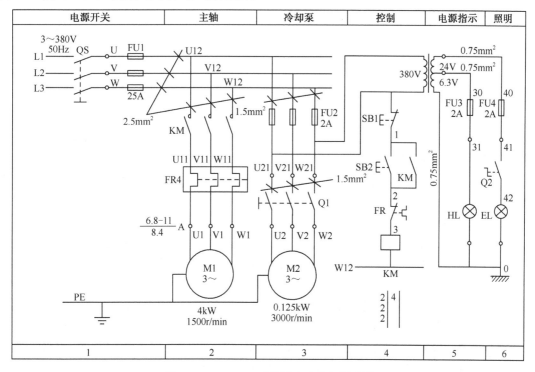

图 3-21　CW6132 型普通车床电气原理图

绘制电气原理图的原则：

（1）电器元件的可动部分通常表示在电器非激励或不工作的状态和位置；二进制逻辑元件应是置零时的状态；机械开关应是循环开始前的状态。

（2）原理图上的动力电路、控制电路和信号电路应分开绘出。

（3）动力电路是设备的驱动电路，包括从电源到电动机的电路，是强电流通过的部分；控制电路由按钮、接触器和继电器的线圈，以及各种电器的动合（常开）、动断（常闭）触点组合构成控制逻辑，实现需要的控制功能，是弱电流通过的部分。动力电路、控制电路和其他辅助的信号电路、照明电路、保护电路一起构成电气控制系统电气原理图。

（4）原理图上应标出各个电源电路的电压值、极性或频率及相数；某些元器件的特性（如电阻、电容的数值等）；不常用电器（如位置传感器、手动触点等）的操作方式和功能。

（5）原理图上各电路的安排应便于分析、维修和寻找故障，原理图应按其功能分开画出。

（6）动力电路的电源电路绘成水平线，受电的动力装置（电动机）及其保护电器支路应垂直电源电路画出。

（7）控制电路和信号电路应垂直地绘在两条或几条水平电源线之间。耗能元件（如线圈、电磁铁、信号灯等），应位于直接接地的水平电源线上。控制触点应连于另一电源线。

（8）为阅图方便，图中自左至右或自上而下表示操作顺序，并尽可能减少线条和避免线条交叉。

（9）原理图上方将图分成若干图区，并标明该区电路的用途与作用；在继电器、接触器线圈下方列有触点表以说明线圈和触点的从属关系。

2．电气安装图

电气安装图是用来指示电气控制系统中各电器元件的实际安装位置和接线情况的。它包括电器位置图和安装接线图两个部分。

1）电器位置图

电器位置图是用来详细表明电气原理图中各电气设备、元器件的实际安装位置的，可视电气控制系统复杂程度采取集中绘制或单独绘制。图中各电器代号应与有关电路图和电器清单上所有元器件代号相同。

电器设备、元器件的布置应注意以下几方面：

（1）体积大和较重的电器设备、元器件应安装在电器安装板的下方，而发热元器件应安装在电器安装板的上面。

（2）强电、弱电应分开，弱电应加屏蔽，以防止外界干扰。

（3）需要经常维护、检修、调整的电器元件安装位置不宜过高或过低。

（4）电器元件的布置应考虑整齐、美观、对称。外形尺寸与结构类似的电器安装在一起，以利于安装和配线。

（5）电器元件布置不宜过密，应留有一定间距。例如，使用走线槽，应加大各排电器间距，以利于布线和故障维修。

图 3-22 为 CW6132 型车床控制盘电器位置图，图中 FU1～FU4 为熔断器、KM 为接触器、FR 为热继电器、TC 为照明变压器、XT 为接线端子板。

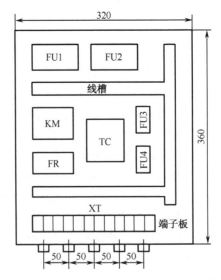

图 3-22　CW6132 型车床控制盘电器位置图

2）安装接线图

安装接线图用来表明电气设备或装置之间的接线关系，清楚地表明电气设备外部元件

的相对位置及它们之间的电气连接，是实际安装布线的依据。安装接线图主要用于电器的安装接线、线路检查、线路维修和故障处理，通常安装接线图与电气原理图和电器位置图一起使用。

安装接线图的绘制原则是：

（1）各电气元件均按实际安装位置绘出，元件所占图面按实际尺寸以统一比例绘制，尽可能符合电器的实际情况。

（2）一个元件中所有的带电部件均画在一起，并用点画线框起来，即采用集中表示法。

（3）各电气元件的图形符号和文字符号必须与电气原理图一致，并符合国家标准。

（4）各电气元件上凡是需接线的部件端子都应绘出，并予以编号，各接线端子的编号必须与电气原理图上的导线编号相一致。

（5）绘制安装接线图时，走向相同的相邻导线可以绘成一股线。

图 3-23 是根据上述原则绘制的与图 3-21 对应的电气安装接线图。

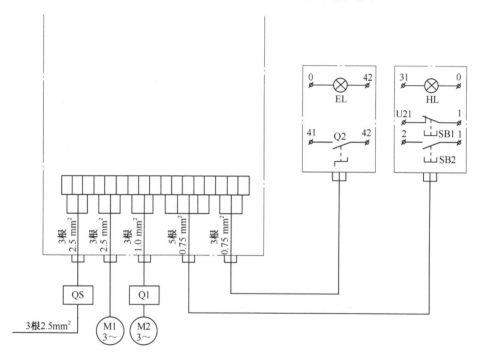

图 3-23　CW6132 型普通车床电气安装接线图

3．启保停电路及点动控制

三相笼型异步电动机具有结构简单、坚固耐用、价格便宜、维修方便等优点，获得了广泛的应用。三相笼型异步电动机的直接启动是一种简单、可靠、经济的启动方法，但过大的启动电流会造成电网电压显著下降，直接影响在同一电网工作的其他电动机，故直接启动电动机的容量受到一定限制，一般容量小于 10 kW 的电动机常用直接启动方式。

图 3-24 为接触器控制电动机单向运转电路。图中 Q 为三相转换开关，FU1、FU2 为熔断器，KM 为接触器，FR 为热继电器，M 为三相笼型异步电动机，SB1 为停止按钮，SB2 为启动按钮。其中，三相转换开关 Q、熔断器 FU1、接触器 KM 的主触点、热继电器 FR 的

热元件和电动机 M 构成主电路，停止按钮 SB1、启动按钮 SB2、接触器 KM 的线圈及其常开辅助触点、热继电器 FR 的常闭触点和熔断器 FU2 构成控制回路。

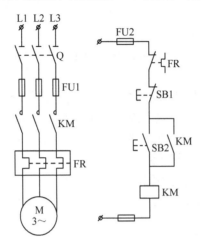

图 3-24　接触器控制电动机单向运转电路

电路工作分析：合上电源开关 Q，引入三相电源。按下启动按钮 SB2，KM 线圈通电，其常开主触点闭合，电动机 M 接通电源启动。同时，与启动按钮并联的 KM 常开触点也闭合。当松开 SB2 时，KM 线圈通过其自身常开辅助触点继续保持通电状态，从而保证了电动机连续运转。当需要电动机停止运转时，可按下停止按钮 SB1，切断 KM 线圈电源，KM 常开主触点与辅助触点均断开，切断电动机电源和控制电路，电动机停止运转。

这种依靠接触器自身辅助触点保持线圈通电的电路称为自锁电路，辅助常开触点称为自锁触点。

电路的保护环节主要有：短路保护、过载保护、欠压和失压保护等，其详细工作原理及分析将在后面介绍。

项目实践 4　　水塔的人工控制

1．功能分析

水塔的作用是通过水泵把地下水抽压到塔顶的水塔内储存，以保证供水系统有一定的压力。水泵通常采用笼型三相交流异步电动机拖动。所以，水塔的控制实际上就是三相异步电动机的控制。水塔的人工控制其实质就是利用刀开关、低压断路器或控制按钮等低压电器控制三相交流异步电动机的运行。

2．控制方案

（1）使用刀开关和低压断路器直接控制三相异步电动机：图 3-25（a）和（b）分别为闸刀开关（或铁壳开关）和低压断路器控制的水泵控制原理图。由于闸刀开关和低压断路器通断电源需人工操作，所以该电路称为水塔供水的人工控制。

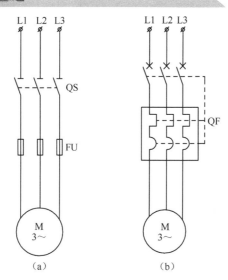

图 3-25　刀开关和低压断路器直接控制三相异步电动机电路

（2）使用控制按钮、接触器控制三相异步电动机：利用图 3-24 中的接触器控制电动机单向运转完成对水泵电动机的控制。

3．实训设备及器材

（1）三相异步电动机。

（2）常用低压电器元件：刀开关、低压断路器、熔断器、交流接触器、热继电器、控制按钮、组合开关等。

（3）配线板。

（4）导线若干。

4．控制原理与特点说明

（1）原理图只是表示各电器元件之间的逻辑关系。如将刀开关或断路器处于合闸位置，笼型三相交流异步电动机就接通三相电源，电动机启动运行；操作该开关使其断开，水泵就停止运行，不画实物而是用国家标准规定的符号表示器件名称。

（2）电器元件之间通过导线接通电源，控制三相交流异步电动机运转。同一电器元件应根据不同的控制对象（三相交流异步电动机）、应用场合选择其大小、颜色、极数等参数。

（3）水泵抽水只要单方向旋转，所以电动机是单向运行，但应使电动机的转向与水泵要求的转向一致。

（4）实现一个控制目标（如水泵电动机单方向旋转），可以选择不同的电器元件和控制电路，其一些辅助功能不一样。图 3-25（a）所示电路具有短路保护功能，可防止因电动机或电线出现相间短路或对地短路时造成对电源等电器的损害；图 3-25（b）所示电路除了有短路保护功能外，还有过载保护功能，可防止因水泵卡住或因欠压导致过载等故障造成损坏电动机的事故。如果需要有漏电保护功能，则要用带漏电保护功能的断路器。图 3-24 所示电路由于使用了接触器和热继电器，具有短路保护、过载保护、欠压和失压保护等环节。

（5）图 3-25（a）所示的控制方案在电网失压后会发生自启动，可能引起不良后果；图 3-25（b）用了带失压保护的断路器，在发生失压和欠压时，电路不会自启动，避免电动机或负载对人的伤害；图 3-24 的控制方案使用了熔断器、接触器、热继电器等低压电器元件，除具有短路、失压和欠压保护外，还具有过载保护，可以有效避免电动机或负载出现危害的可能。

（6）水泵电动机的启动和停止都必须人工手动操作，不能排除由于没有及时关机、开机而造成水塔溢水和供水系统停水的可能。

5．实施方法与步骤

1）认识常用低压电器元件

通过实物，认识常用低压电器元件的结构、了解其工作原理，进行简单的拆装练习。具体低压电器元件及型号如下：

- ➤ HK2 系列刀开关；
- ➤ DZ47-63 系列低压断路器；
- ➤ RL1 系列螺旋式熔断器；
- ➤ 交流接触器；
- ➤ 热继电器；
- ➤ 控制按钮；
- ➤ 组合开关；
- ➤ 三相异步电动机。

2）学习看电气原理图，并结合低压电器元件绘制电气控制线路安装图

（1）用闸刀开关控制一台三相异步电动机顺时针方向旋转的电气原理图和电气安装图。

（2）使用控制按钮、接触器控制三相异步电动机顺时针方向旋转的电气原理图和电气安装图。

（3）利用常用电工工具完成接线并调试。

① 按绘制的电气安装图完成低压电器元件在配线板上的安装；

② 按原理图安装接线；

③ 确认安装接线正确无误后，通电试车，注意观察电器及电动机的动作、运转情况。

6．思考题

若 KM 的自锁触点不接，会出现什么样的状态？

知识拓展4　启保停电路及点动控制

在生产实践中，某些生产机械常会要求既能正常启动，又能实现位置调整的点动工作。所谓点动，即按按钮时电动机转动工作，松开按钮后，电动机即停止工作。点动主要用于机床刀架、横梁、立柱等的快速移动和对刀调整等。

图 3-26 为电动机点动与连续运转控制的几种典型电路。其具体电路工作分析如下。

图 3-26（a）为最基本的点动控制电路。按下 SB，接触器 KM 线圈通电，常开主触点

闭合,电动机启动运转;松开 SB,接触器 KM 线圈断电,其常开主触点断开,电动机停止运转。

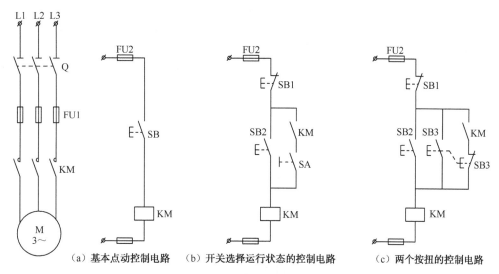

（a）基本点动控制电路　　（b）开关选择运行状态的控制电路　　（c）两个按扭的控制电路

图 3-26　电动机点动与连续运转控制电路

图 3-26（b）为采用开关 SA 选择运行状态的点动控制电路。当需要点动控制时,只要把开关 SA 断开,即断开接触器 KM 的自锁触点 KM,由按钮 SB2 来进行点动控制;当需要电动机正常运行时,只要把开关 SA 合上,将 KM 的自锁触点接入控制电路,即可实现连续控制。

图 3-26（c）为用点动控制按钮常闭触点断开自锁回路的点动控制电路,控制电路中增加了一个复合按钮 SB3 来实现点动控制。SB1 为停止按钮,SB2 为连续运转启动按钮,SB3 为点动控制按钮。当需要点动控制,按下 SB3 时,其常闭触点先将自锁回路切断,然后常开触点才接通接触器 KM 线圈使其通电,KM 常开主触点闭合,电动机启动运转;当松开 SB3 时,其常开触点先断开,接触器 KM 线圈断电,KM 常开主触点断开,电动机停转,然后 SB3 常闭触点才闭合,但此时 KM 常开辅助触点已断开,KM 线圈无法保持通电,即可实现点动控制。

由以上电路工作分析可看出,点动控制电路的最大特点是取消了自锁触点。

实训练习:按照任务 4 的要求,完成图 3-26（c）的电路安装接线,并通电试车,观察电器元件、电动机的动作和运转情况。

任务5　水塔的自动控制

任务描述

在水塔的人工控制中,由于水泵电动机的启动和停止都必须人工手动操作,不能排除由于没有及时关机、开机而造成水塔溢水和供水系统停水的可能,因此,在本任务中,将完成水塔的自动控制,即在无人操作的情况下,供水系统在水塔水位低于某一下限位置时，电气控制系统能自动启动水泵电动机，不断地向水塔送水，直到水位升到某一上限位置时，控制系统能自行关断水泵电动机。水塔自动控制结构示意图如图 3-27 所示。

在任务的设计过程中，还应当考虑到以下两个方面的要求：

（1）在送水过程中，还应当具有人工干预的功能，以便必要时采用手动操作，达到可随时启动（或停止）水泵电动机的目的。

（2）为了控制系统的安全，还应当设有一些必要的保护环节——短路保护和电动机的过载保护。

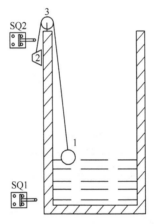

图 3-27　水塔自动控制结构示意图

知识链接

3.3　有关低压电器

3.3.1　时间继电器

感受部分在感受外界信号后，经过一段时间才能使执行部分动作的继电器，叫做时间继电器。对于电磁式时间继电器，当线圈在接受信号以后（通电或失电），其对应的触头使某一控制电路延时断开或闭合。时间继电器主要有空气阻尼式、电动式、晶体管式及直流电磁式等几大类。延时方式有通电延时和断电延时两种。

1. 空气阻尼式时间继电器

空气阻尼式时间继电器是根据空气阻尼的原理制成的。它主要由电磁系统、工作触头（微动开关）、延时机构等组成。

当衔铁位于铁心和延时机构之间时为通电延时型，当铁心位于衔铁和延时机构之间时为断电延时型。图 3-28 为 JS7-A 系列空气阻尼式时间继电器图片，图 3-29 为时间继电器的图形及文字符号。

JS7-A 系列时间继电器适用于从接受信号至触头动作发出信号之间需要延时的场合，这种产品被广泛地应用于机床的电气传动控制系统中。图 3-30 为 JS7-A 系列空气阻尼式时间继电器外形及原理图。

图 3-28　JS7-A 系列空气阻尼式时间继电器

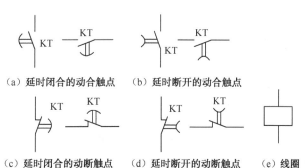

（a）延时闭合的动合触点　（b）延时断开的动合触点

（c）延时闭合的动断触点　（d）延时断开的动断触点　（e）线圈

图 3-29　时间继电器的图形及文字符号

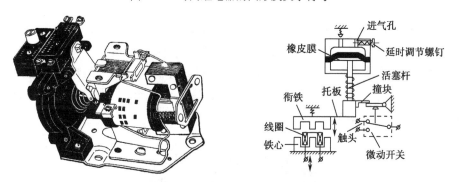

图 3-30　JS7-A 系列空气阻尼式时间继电器外形及原理图

JS7-A 系列空气阻尼式时间继电器的工作原理：当线圈通电时，衔铁及固定在它上面的托板被铁心吸引而下降，这时固定在活塞杆上的撞块因失去托板的支托也向下运动，但由于与活塞杆相连的橡皮膜向下运动时受到空气阻尼的作用，所以活塞杆下落缓慢，经过一定时间，才能触动微动开关的推杆使它的常闭触头断开、常开触头闭合。延时时间是从线圈通电开始到触头完成动作为止这段时间。通过延时调节螺钉，即可调节进气孔的大小以改变延时时间。

JS7-A 系列空气阻尼式时间继电器的触头系统共有：延时闭合常开、延时闭合常闭、延时断开常闭、延时断开常开、常开瞬动、常闭瞬动六种。不同型号的 JS7-A 系列时间继电器具有不同的延时触头。表 3-3 为 JS7-A 系列空气阻尼式时间继电器技术参数。

表 3-3　JS7-A 系列空气阻尼式时间继电器技术参数

型号	延时触头对数				不延时触头对数		电压（V）
	线圈通电后延时		线圈断电后延时				
	动合 NO	动断 NC	动合 NO	动断 NC	动合 NO	动断 NC	
JS7-1A	1	1	—	—	—	—	24、36、110、127、220、380
JS7-2A	1	1	—	—	1	1	
JS7-3A	—	—	1	1	—	—	
JS7-4A	—	—	1	1	1	1	

JS7-A 系列空气阻尼式时间继电器选用时要注意选择的型号，它所具有的瞬动触头、延时触头数量，应满足控制线路的要求。其次注意控制电路的电压等级与时间继电器线圈电压要一致。JS7-A 系列空气阻尼式时间继电器延时范围有 0.4～60 s 和 0.4～180 s 两种。

空气阻尼式时间继电器典型产品有：JS7、JS23、JSK□等系列产品。

2．电子式、数字式时间继电器

电子式、数字式时间继电器主要有 JS11、JS20、JS14P、H3BA、AH3、ASTP-Y/N、ATDV-Y/N 等。电子式时间继电器利用旋转刻度盘设定时间，数字式时间继电器利用数字按键设定时间，同时可通过数码管或液晶显示屏显示计时情况。其时间精度远远高于空气阻尼式时间继电器，现在电子式、数字式时间继电器越来越被人们喜欢和采用。图 3-31 为 JS11 系列电子式时间继电器图片。

图 3-31　JS11 系列电子式时间继电器图片

JS11 电子式时间继电器是电动式时间继电器的替代产品，采用规模集成电路，发光二极管指示，数字按键预置时间，具有工作可靠、延时精度高、功耗低、外形美观、安装方便等特点，被广泛应用于电气自动控制线路中作延时元件之用。表 3-4 为几种电子式时间继电器图片及技术参数。

表 3-4　电子式时间继电器图片及技术参数

型号	H3BA	AH3	ASTP-Y/N	ATDV-Y/N
产品照片				
线路图				
工作电压	AC 24～220V 50Hz DC 24～125V	AC 24～220V 50Hz DC 24～110V	AC 24～220V 50Hz DC 24～110V	AC 24～220V 50Hz DC 24～110V
延时范围	秒　分　小时　10 小时 0.05～0.5　　0.5～5h 0.3～1　　　3～10h 0.5～5　　　5～50h 3～10　　　10～100h	1s、2s、3s、6s、12s、 30s、60s、2m、3m、5m、 6m、12m、60m、2h、 3h、6h、12h、24h	1s、3s、6s、10s、 12s、30s、60s、3m、 6m、10m、12m、30m、 60m、 3h、6h、10h、12h、24h	1s、3s、6s、10s、 12s、30s、60s、 6m、10m、12m、 30m、60m、3h、 6h、10h、12h、24h
触点形式	H3BA：延时 2 转换 H3BA-8：延时 1 转换 H3BA-8H：延时 1 转换，瞬时 1 转换	AH3-1：延时 1 转换 AH3-2：延时 2 转换 AH3-3：延时 1 转换，瞬时 1 转换	延时 1 转换、瞬时 1 转换	延时 1 转换
动作形式	ST4P：限时动作/自动复位/外部复位 ST4P-8：限时动作/自动复位 ST4P-8H：限时动作/自动复位	AH3-1：限时动作/自动复位 AH3-2：通电延时 AH3-3：断电延时，带瞬动触点	通电延时带瞬动触点	通电延时

3.3.2 行程开关

在电力拖动系统中，许多场合常常希望能按照被带动的生产机械的位置的不同而改变电动机或传动动力部件的工作情况。例如，在某机床上的直线运动部件，当它们到达其边缘位置时，常要求能自动停止或反向运动。另外，在某些情况下，要求在生产机械行程中的个别位置上，能自动改变生产机械的运动速度。类似上述这些要求，可以利用行程开关来达到。

依据生产机械的行程发出命令，以控制其运动方向和行程长短的主令电器称为行程开关。若将行程开关安装于生产机械行程的终点处，用以限制其行程，则称为限位开关。

1．行程开关分类及原理

行程开关按其结构分为机械结构的接触式有触点行程开关和电气结构的非接触式接近开关。机械接触式行程开关分为直动式、滚动式和微动式三种。这类开关是利用生产设备某些运动部件的机械位移而碰撞行程开关，使其触头动作。接近开关分为高频振荡型、感应型、电容型、光电型、永磁及磁敏元件型、超声波型等。这类开关不是靠挡块碰压开关发信号，而是在移动部件上装一金属片，在移动部件需要改变工作情况的地方装接近开关的感应头，其感应面正对金属片。当移动部件的金属片移动到感应头上面（不需接触）时，接近开关就输出一个信号，使控制电路改变工作情况。

图 3-32 为机械接触式行程开关图片，图 3-33 为接近开关图片。

（a）直动式行程开关　　　　　（b）滚轮式行程开关　　　　　（c）微动开关

图 3-32　机械接触式行程开关

图 3-33　接近开关

图 3-34 为行程开关和接近开关的图形及文字符号。

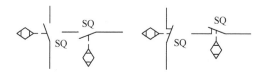

（a）行程开关动合触点　　（b）行程开关动断触点

（c）接近开关动合触点　　（d）接近开关动断触点

图 3-34　行程开关和接近开关的图形及文字符号

1）直动式行程开关

直动式行程开关的动作原理与控制按钮相同，其触头的分合速度取决于生产机械的移动速度，当移动速度低于 0.4 m/min 时，触头分断太慢易产生电弧。图 3-35 为直动式行程开关结构原理图。

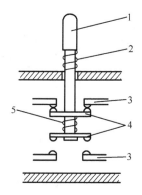

1—顶杆；2—复位弹簧；3—静触头；　4—动触头；5—触头弹簧

图 3-35　直动式行程开关结构原理图

2）滚轮式行程开关

图 3-36 为滚轮式行程开关结构示意图。当滚轮 1 受向左外力作用后，推杆 4 向右移动，并压缩右边弹簧 10，同时下面的小滚轮 5 也很快沿着擒纵件 6 向右滚动，小滚轮滚动又压缩弹簧 9，当小滚轮 5 滚过擒纵件 6 的中点时，盘形弹簧 3 和弹簧 9 都被擒纵件 6 迅速转动，从而使动触头迅速地与右边静触头分开，并与左边静触头闭合。滚轮式行程开关适用于低速运行的机械。

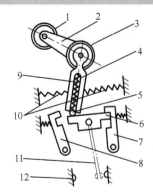

1—滚轮；2—上转臂；3—盘形弹簧；4—推杆；5—小滚轮；6—擒纵件；

7、8—压板；9、10—弹簧；11—动触头；12—静触头

图 3-36　滚轮式行程开关结构示意图

3）微动开关

图 3-37 为微动开关结构示意图。当推杆 5 在机械作用力压下时，弓簧片 6 产生机械变形，储存能量并产生位移，当达到临界点时，弓簧片连同桥式动触头瞬时动作。当外力失去后，推杆在弓簧片作用下迅速复位，触头恢复原来状态。微动开关采用瞬动结构，触头换接速度不受推杆压下速度的影响。

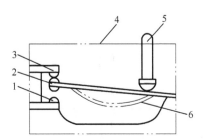

1—常开静触头；2—动触头；3—常闭静触头；4—壳体；5—推杆；6—弓簧片

图 3-37　微动开关结构示意图

4）接近开关

接近开关广泛应用于机械、矿山、造纸、烟草、塑料、化工、冶金、轻工、汽车、电力、保安、铁路、航天等各个行业，运用于限位、检测、计数、测速、液面控制、自动保护等，也可连接计算机、可编程序控制器（PLC）等作传感头用。特别是电容式接近开关还可用于对多种非金属，如纸张、橡胶、烟草、塑料、液体、木材及人体进行检测，应用范围极广。

电感式接近开关由高频振荡器和放大器组成。振荡器的线圈在开关的作用表面产生一个交变磁场，当金属物体接近此作用表面时，金属中产生涡流而吸收了振荡器的能量，使振荡器振荡减弱以至停振。振荡器的振荡及停振这两个信号由整形放大器转换成二进制的开关信号，从而起到"开"、"关"的控制作用。

电容式接近开关由高频振荡器和放大器组成。它包括一个传感器电极和一个屏蔽电极两个有效部分。这两部分组成了一个电容器。当被检测物体（金属或非金属物体）接近感

应面时，电容器的电容值发生变化，如 RC 振荡电路的电容值随着被检测物体的接近而增大，此振荡电路被设置成当电容值增加时才开始振荡。当被检测物体接近时，RC 振荡器开始振荡，并将此信号送到信号触发器由开关放大器输出开关信号。

2．常用行程开关型号

常用的行程开关有 JLXK1、LX2、LX3、LX5、LX12、LX19A、LX21、LX22、LX29、LX32 等系列。常用的微动开关有 LX31、JW 等系列。常用的接近开关有 LJ、CWY、SQ 系列及引进国外技术生产的 3SG 系列等。

3．行程开关选择原则

（1）根据应用场合及控制对象进行选择；

（2）根据环境条件进行选择；

（3）根据控制回路电压、电流情况进行选择；

（4）根据机械传动情况选择行程开关的头部形式；

（5）根据机械传动、控制精度及是否允许接触等选择采用机械接触式行程开关还是非接触式接近开关。

一般来说，当物体接近行程开关到一定距离范围内，它就发出信号，控制生产机械的位置，或进行计数时，就需要采用接近开关。

3.4　电气控制的基本环节

3.4.1　互锁控制环节

图 3-38 为三相异步电动机可逆运行控制电路。图中 SB1 为停止按钮、SB2 为正转启动按钮、SB3 为反转启动按钮，KM1 为正转接触器、KM2 为反转接触器。

1．工作原理

在实际工作中，生产机械常常需要运动部件可以正、反两个方向运动，这就要求电动机能够实现可逆运行。由电动机原理可知，三相交流电动机可改变定子绕组相序来改变电动机的旋转方向。因此，借助于接触器来实现三相电源相序的改变，即可实现电动机的可逆运行。

2．电路工作分析

（1）由图 3-38（a）可知，按下 SB2，正转接触器 KM1 线圈通电并自锁，主触点闭合，接通正序电源，电动机正转。按下停止按钮 SB1，KM1 线圈断电，电动机停止。再按下 SB3，反转接触器 KM2 线圈通电并自锁，主触点闭合，使电动机定子绕组电源相序与正转时相序相反，电动机反转运行。

此电路最大的缺陷在于：从主电路分析可以看出，若 KM1、KM2 同时通电动作，将造成电源两相短路，即在工作中如果按下了 SB1，再按下 SB2 就会出现这一故障现象，因此这种电路不能采用。

电机与电气控制项目教程

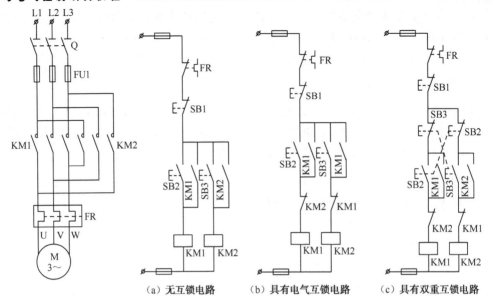

（a）无互锁电路　　　（b）具有电气互锁电路　　　（c）具有双重互锁电路

图 3-38　三相异步电动机可逆运行控制电路

（2）图 3-38（b）是在由图 3-38（a）的基础上扩展而成的。将 KM1、KM2 常闭辅助触点分别串接在对方线圈电路中，形成相互制约的控制，称为互锁。当按下 SB2 的常开触点使 KM1 的线圈瞬时通电时，其串接在 KM2 线圈电路中的 KM1 的常闭辅助触点断开，锁住 KM2 的线圈不能通电，反之亦然。该电路欲使电动机由正向到反向或由反向到正向，必须先按下停止按钮，而后再反向启动。

这种利用两个接触器（或继电器）的常闭辅助触点互相控制，形成相互制约的控制，称为电气互锁。

（3）对于要求频繁实现可逆运行的情况，可采用图 3-38（c）的控制电路。它是在图 3-38（b）电路的基础上，将正向启动按钮 SB2 和反向启动按钮 SB3 的常闭触点串接在对方常开触点电路中，利用按钮的常开、常闭触点的机械连接，在电路中形成相互制约的控制，这种接法称为机械互锁。

这种具有电气、机械双重互锁的控制电路是常用的、可靠的电动机可逆运行控制电路，它既可以实现正向—停止—反向—停止的控制，又可以实现正向—反向—停止的控制。

3.4.2　多地联锁控制

在大型生产设备上，为使操作人员在不同方位均能进行控制操作，常常要求组成多地联锁控制电路，如图 3-39 所示。

从图 3-39 中可以看出，多地联锁控制电路只需多用几个启动按钮和停止按钮，无需增加其他电器元件。启动按钮应并联，停止按钮应串联，分别装在几个地方。

从电路工作分析可以得出以下结论：若几个电器都能控制某接触器通电，则几个电器的常开触点应并联接到某接触器的线圈控制电路中，即形成逻辑"或"关系；若几个电器都能控制某接触器断电，则几个电器的常闭触点应串联接到某接触器的线圈控制电路中，形成逻辑"与非"的关系。

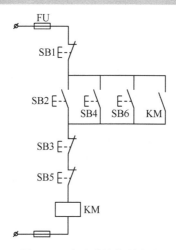

图 3-39　多地联锁控制电路

3.4.3　顺序控制环节

在机床的控制电路中，常常要求电动机的启动和停止按照一定的顺序进行。例如，磨床要求先启动润滑油泵，然后再启动主轴电动机；铣床的主轴旋转后，工作台方可移动等。顺序工作控制电路有顺序启动、同时停止控制电路，有顺序启动、顺序停止控制电路，还有顺序启动、逆序停止控制电路。

图 3-40 和图 3-41 分别为两台电动机顺序控制电路图，其电路工作分析如下。

图 3-40（a）为两台电动机顺序启动、同时停止控制电路。在此电路的控制电路中，只有 KM1 线圈通电后，其串入 KM2 线圈控制电路中的常开触点 KM1 闭合，才能使 KM2 线圈存在通电的可能，以此制约了 M2 电动机的启动顺序。当按下 SB1 按钮时，接触器 KM1 线圈断电，其串接在 KM2 线圈控制电路中的常开辅助触点断开，保证了 KM1 和 KM2 线圈同时断电，其常开主触点断开，两台电动机 M1、M2 同时停止。

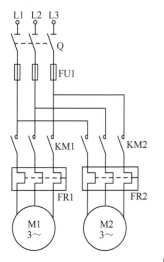 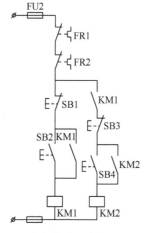 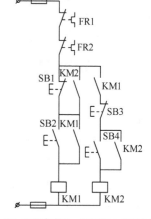

（a）按顺序启动、同时停止控制电路　　　　（b）按顺序启动、逆序停止控制电路

图 3-40　两台电动机顺序控制电路图

图 3-40（b）为两台电动机顺序启动、逆序停止控制电路。其顺序启动工作不再分析，由读者自行分析。此控制电路停车时，必须先按下 SB3 按钮，切断 KM2 线圈的供电，电动机 M2 停止运转；其并联在按钮 SB1 下的常开辅助触点 KM2 断开，此时再按下 SB1，才能使 KM1 线圈断电，电动机 M1 停止运转。

图 3-41 为利用时间继电器控制的顺序启动电路。其电路的关键在于利用时间继电器自动控制 KM2 线圈的通电。当按下 SB2 按钮时，KM1 线圈通电，电动机 M1 启动，同时时间继电器线圈 KT 通电，延时开始。经过设定时间后，串接入接触器 KM2 控制电路中的时间继电器 KT 的动合触点闭合，KM2 线圈通电，电动机 M2 启动。

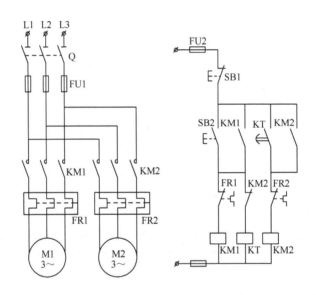

图 3-41　时间继电器控制的顺序启动电路

通过以上电路工作分析可知，要实现顺序控制，应将先通电的电器的常开触点串接在后通电的电器的线圈控制电路中，将先断电的电器的常开触点并联到后断电的电器的线圈控制电路中的停止按钮（或其他断电触点）上。其具体方法有接触器和继电器触点的电气联锁、复合按钮联锁、行程开关联锁等。

3.4.4　位置控制

在生产中，由于工艺和安全的需要，常要求按照生产机械中某一运动部件的行程或位置变化来对生产机械进行控制，例如，吊钩上升到终点时要求自动停止，龙门刨床的工作台要求在一定范围内自动往返等，这类自动控制称为行程控制或位置控制。位置控制通常是利用行程开关来实现的。

图 3-42 为吊车上下限位置控制电路，它能够按照所要求的空间限位使电动机自动停车。在吊车上安装一块撞块，在吊车上下行程两端的终点处分别安装行程开关 SQ1 和 SQ2，将它们的常闭触头串接在电动机正、反转接触器 KM1 和 KM2 的线圈回路中。

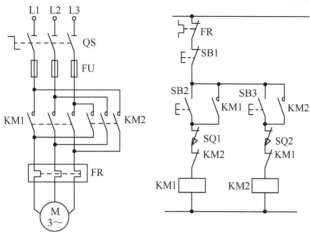

图 3-42　吊车上下限位置控制电路

当按下正转按钮 SB2 时，正转接触器 KM1 线圈通电，其串接在主电路中的常开主触点 KM1 闭合，电动机 M 通电正向运转，此时吊车上升；到达顶点时，吊车撞块顶撞行程开关 SQ1，使其常闭触头断开，切断接触器 KM1 线圈电路，接触器 KM1 线圈断电，其串接在主电路中的常开主触点分断，切断电动机 M 的电源，于是电动机 M 停转，吊车不再上升（此时应有抱闸将电动机转轴抱住，以免重物滑下）。此时即使再误按 SB2，接触器线圈 KM1 也不会通电，从而保证吊车不会运行超过 SQ1 所在的极限位置。

当按下反转按钮 SB3 时，反转接触器 KM2 线圈通电，其串接在主电路中的常开主触点 KM2 闭合，电动机 M 通电反向运转，吊车下降，到达下端终点时顶撞行程开关 SQ2，切断接触器 KM2 线圈电路，接触器 KM2 线圈断电，其串接在主电路中的常开主触点分断，切断电动机 M 的电源，电动机停转，吊车不再下降。

利用行程开关按照机械设备的运动部件的行程位置进行的控制，称为行程控制原则，是机械设备自动化和生产过程自动化中应用最广泛的控制方法之一。

3.5　电气控制系统常用的保护环节

电气控制系统除了要能满足生产机械加工工艺要求外，还应保证设备长期安全、可靠、无故障地运行，因此保护环节是所有电气控制系统不可缺少的组成部分，用来保护电动机、电网、电气控制设备以及人身安全等。

电气控制系统中常用的保护环节有短路保护、过流保护、过载保护、零电压和欠电压保护及弱磁保护。

3.5.1　短路保护

电动机、电器以及导线的绝缘损坏或线路发生故障时，都可能造成短路事故。很大的短路电流和电动力可能使电器设备损坏。因此要求一旦发生短路故障，控制电路应能迅速、可靠地切断电路进行保护，并且保护装置不应受启动电流的影响而误动作。

常用的短路保护元件有熔断器和自动开关。

熔断器价格便宜，断弧能力强，所以一般电路几乎无例外地使用它作短路保护。但是熔体的品质、老化及环境温度等因素对其动作值影响较大，用其保护电动机时，可能会因一相熔体熔断而造成电动机单相运行。因此熔断器适用于对动作准确度要求不高和自动化程度较差的系统中，如小容量的笼型电动机、普通交流电源等。

自动开关又称自动空气熔断器，它具有短路、过载和欠压保护。这种开关能在线路发生短路故障时，其电流线圈动作，就会自动跳闸，将三相电源同时切断。自动开关结构复杂，价格较贵，不宜频繁操作，广泛应用于要求较高的场合。

3.5.2 过流保护

电动机不正确地启动或负载转矩剧烈增加会引起电动机过电流运行。一般情况下这种过电流比短路电流小，但比电动机额定电流却大得多，过电流的危害虽没有短路那么严重，但同样会造成电动机的损坏。

原则上，短路保护所用元件可以用做过电流保护，不过断弧能力可以要求低些，完全可以利用控制电动机的接触器来断开过电流，因此常用瞬时动作的过电流继电器与接触器配合作过电流保护。过电流继电器作为测量元件，接触器作为执行元件断开电路。

由于笼型电动机启动电流很大，如果要使启动时电流保护元件不动作，其整定值就要大于启动电流，那么一般的过电流就无法使之动作，所以过电流保护一般只用在直流电动机和绕线式异步电动机上。

整定过电流动作值一般为启动电流的1.2倍。

3.5.3 过载保护

电动机长期超载运行，电动机绕组温升将超过其允许值，造成绝缘材料变脆，寿命降低，严重时会使电动机损坏。过载电流越大，达到允许温升的时间就越短。

常用的过载保护元件是热继电器。热继电器可以满足如下要求：当电动机为额定电流时，电动机为额定温升，热继电器不动作；在过载电流较小时，热继电器要经过较长时间才动作；过载电流较大时，热继电器则经过较短时间就会动作。

由于热惯性的原因，热继电器不会受电动机短时过载冲击电流或短路电流的影响而瞬时动作，所以在使用热继电器作过载保护的同时，还必须设有短路保护，选作短路保护的熔断器熔体的额定电流不应超过4倍热继电器发热元件的额定电流。

必须强调指出，短路、过电流、过载保护虽然都是电流保护，但由于故障电流的动作值、保护特性和保护要求以及使用元件的不同，它们之间是不能相互取代的。

3.5.4 零电压和欠电压保护

在电动机运行中，如果电源电压因某种原因消失，那么在电源电压恢复时，如果电动机自行启动，将可能使生产设备损坏，也可能造成人身事故。对供电系统的电网来说，同时有许多电动机及其他用电设备自行启动也会引起不允许的过电流及瞬间网络电压下降。为防止电网失电后恢复供电时电动机自行启动的保护叫做零电压保护。

电动机正常运行时，电源电压过分地降低将引起一些电器释放，造成控制电路工作不正常，甚至产生事故。电网电压过低，如果电动机负载不变，由于三相异步电动机的电磁转矩与电压的二次方成正比，则会因电磁转矩的降低而带不动负载，造成电动机堵转停车，电动机电流增大使电动机发热，严重时烧坏电动机。因此，在电源电压降到允许值以下时，需要采用保护措施，及时切断电源，这就是欠电压保护。

通常是采用欠电压继电器，或设置专门的零电压继电器来实现。

在主电路和控制电路由同一个电源供电时，具有电气自锁的接触器兼有欠电压和零电压保护作用。若因故障电网电压下降到允许值以下时，接触器线圈释放，从而切断电动机电源；当电网电压恢复时，由于自锁已解除，电动机也不会再自行启动。

欠电压继电器的线圈直接跨接在定子的两相电源线上，其常开触点串接在控制电动机的接触器线圈控制电路中。自动开关的欠压脱扣也可作为欠压保护。主令控制器的零位操作是零电压保护的典型环节。

3.5.5 弱磁保护

直流电动机在磁场有一定强度的情况下才能启动。如果磁场太弱，电动机的启动电流就会很大；直流电动机正在运行时磁场突然减弱或消失，电动机转速就会迅速升高，甚至发生"飞车"，因此需要采取弱磁保护。

常用的弱磁保护是通过在电动机励磁回路串入欠电流继电器来实现的。在电动机运行中，如果励磁电流消失或降低太多，欠电流继电器就会释放，其触点切断主电路接触器的线圈控制电路，使电动机断电停车。

除了上述几种保护措施外，控制系统中还可能有其他各种保护，如联锁保护、行程保护、油压保护、温度保护等。只要在控制电路中串接上能反映这些参数的控制电器的常开触点或常闭触点，就可实现有关保护。

项目实践5 水塔的自动控制

1．功能分析

水塔的作用是通过水泵把地下水抽压到塔顶的水塔内储存，以保证供水系统有一定的压力。水泵通常采用笼型三相交流异步电动机拖动。所以，水塔的自动控制实际上就是利用交流接触器、限位开关和控制按钮等低压电器对三相异步电动机进行自动运行控制。对于水塔的自动控制，要求具有以下功能。

（1）水塔可在无人值班情况下，由自动控制系统按要求自行工作。

（2）自动控制系统的关键在于水位的检测及上、下限行程开关和撞块的相对位置设定，其原则是：必须在下限位开机，上限位关机。

（3）实现水位检测和控制的器件、开关，应根据现场具体情况和可供选用的器件、开关种类予以选择。

（4）既有自动控制功能，又能手动控制功能。这是为了满足控制的实际需要，要记住实际需要和使用方便是控制系统的最高追求。

（5）对电动机的两种控制方式，在原理图上实现时，采用两个启动信号（常开触头）并联，两个停止信号（常闭触头）串联。

2．控制方案

（1）控制原理图：水塔的自动控制电气原理图如图 3-43 所示。

（2）控制过程：图 3-43 中的 M 是水泵电动机（三相笼型异步电动机），它通过 KM 的三个主触头的通、断而启动、停止。KM 是交流接触器，其触头的闭合、断开受该接触器线圈的控制，原理图的右边就是该接触器线圈 KM 的控制电路，图中显示，只要把控制电路中的回路接通，使 KM 线圈与电源接通，接触器就动作，触头的闭合使电动机运行；同样，控制回路断开，接触器线圈断电而会使电动机停止。

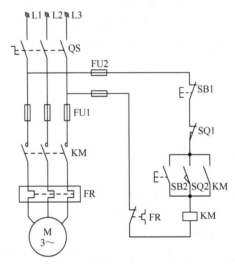

图 3-43　水塔的自动控制电气原理图

根据水塔控制要求，应在低水位的下限启动电动机，这时通过水位监测系统（浮球所示位置）启动电动机。浮球 1 在下限位置，撞块 2 在行程开关 SQ2 附近，使行程开关 SQ2 受压，SQ2 的一对常开触头接通，这就使控制电路中 KM 得电动作，主电路中 KM 三个常开主触头闭合，电动机 M 就启动运行。随着水泵的工作，水塔中水位逐渐上升，浮球上升又使撞块向下离开行程开关 SQ2，行程开关一旦不受压就会复位，从而使 SQ2 常开触头断开，如果控制电路只受 SQ2 常开触头的控制，这时 KM 就会断开，使 M 停止，而这时水塔的水位还远没有达到上限水位，为了解决这个矛盾，只要在控制原理图中下限行程开关 SQ2 常开触头旁并联一个 KM 接触器的常开触头就可以了。当 SQ2 接通 KM 回路时，KM 的主触头闭合的同时，与 SQ2 并联的一对常开触头也闭合了，等到撞块离开 SQ2 而使 SQ2 常开触头断开时，KM 线圈也不会失电，而继续保持得电状态，用接触器自己的动作来保持其得电状态的功能称为自保（或自锁），该常开触头叫自保（或自锁）触头。

当水位上升，到上限位置时，随着浮球的上升和撞块的下降而使 SQ1 受压动作，其常闭触头就要断开，从而切断 KM 的线圈回路，随着 KM 的失电而停止水泵电动机（当然，自锁触头也复位）。当供水系统使水位下降时，撞块上升又会使 SQ1 复位，这时线圈 KM 并不会得电。只有在水位下降到下限水位时才会再启动电动机。

如何实现人工干预呢？例如，预先知道将要停电，为使水塔供水不间断，而提前储满水，就要在水塔水位不在下限位置时也能够启动水泵电动机，可以采用将手动按钮 SB2 的常开触头并联在下限行程开关 SQ2 的常开触头上。需要时，只要按压启动按钮 SB2，它能够代替 SQ2 起到接通 KM 回路的作用。又如因检修而需要临时停止水泵电动机的工作，可以按压停止按钮 SB1，使其常闭触头断开，电动机停止。

由于交流接触器没有短路保护和过载保护的功能，控制系统另外增加了保护元件——熔断器和热继电器。熔断器 FU1（三只一组）在它后面的主电路和电器发生短路时迅速熔断，熔断器 FU2（两只一组，也可只用一只）在控制电路的各处发生短路时，迅速熔断，以保护电源及电器不受损坏。

3．实训设备及器材

（1）三相异步电动机。

（2）常用低压电器元件：刀开关、低压断路器、熔断器、交流接触器、热继电器、控制按钮、组合开关等。

（3）配线板。

（4）导线若干。

4．实施方法与步骤

1）元器件的选择与安装

（1）根据控制电路原理图，分别选用相应的元器件，并检查其是否完好。

（2）根据电气原理图，绘制电气安装图，并根据电气安装图，完成元器件的安装。

2）电路装接

（1）装接电路的原则：应遵循"先主后控、先串后并；从上到下、从左到右；上进下出、左进右出"的原则进行接线，即在接线时应先接主电路，后接控制电路；先接串联电路，后接并联电路；按照从上到下、从左到右的顺序逐根连接；对于电气元件的进出线，则必须按照上面为进线，下面为出线；左边为进线，右边为出线的原则接线，以免造成元件被短接或错接。

（2）装接电路的工艺要求：横平竖直、弯成直角；少用导线少交叉，多线并拢一起走。即横线要水平、竖线要垂直、转弯要是直角，不能有斜线；接线时，尽量用最少的导线，并避免导线交叉；如果一个方向有多条导线，应在一起，以免接成"蜘蛛网"。

3）电路检查

（1）主电路的检查。

将万用表打到"R×1"挡或数字表的"200Ω"挡，将表笔分别放在三相中的任意两相上，人为使 KM 吸合，此时万用表的读数应用电动机两绕组的串联电阻值（设电动机为 Y 接法）；以此类推，分别测量。

（2）控制电路的检查。

将万用表打到"R×10"挡或"R×100"挡或数字表的"2kΩ"挡，将表笔分别放置在控制电路的两端（一般为控制电路两熔断器上方）。初始状态，万用表的读数应为无穷大；若按下启动按钮 SB2 或按下行程开关 SQ2，此时万用表的读数应为 KM 线圈的电阻值。

4）通电试车

在通过上述检查后，可在指导教师的监护下通电试车，并观察电气元件、电动机的动作和运转。

5．思考题

若行程开关 SQ1 或 SQ2 出现损坏，会出现什么现象？如何解决呢？

知识拓展5 　固态继电器和自动往复循环控制

1．固态继电器

固态继电器（Solid State Relay，SSR）如图 3-44 所示，是由微电子电路、分立电子器件、电力电子功率器件组成的无触点开关。用隔离器件实现了控制端与负载端的隔离。固态继电器的输入端用微小的控制信号，达到直接驱动大电流负载。对于控制电压固定的控制信号，采用阻性输入电路。控制电流保证不大于 5 mA。对于大的变化范围的控制信号（如 3～32 V），则采用恒流电路，保证在整个电压变化范围内电流不大于 5 mA 可靠工作。隔离驱动电路：隔离电路采用光电耦合和高频变压器耦合（磁电耦合），光电耦合通常使用光电二极管-光电三极管，光电二极管-双向光控可控硅，光伏电池，实现控制侧与负载侧隔离控制。高频变压器耦合是利用输入的控制信号产生的自激高频信号经耦合到次级，经检波整流、逻辑电路处理形成驱动信号。SSR 的功率开关直接接入电源与负载端，实现对负载电源的通断切换。输出器件主要使用大功率晶体三极管（开关管-Transistor），单向可控硅（Thyristor 或 SCR），双向可控硅（Triac），功率场效应管（MOSFET），绝缘栅型双极晶体管（IGBT）。固态继电器可以方便地与 TTL，MOS 逻辑电路连接。专用的固态继电器可以具有短路保护，过载保护和过热保护功能，与组合逻辑固化封装就可以实现用户需要的智能模块，直接用于控制系统中。

图 3-44　固态继电器

2．自动往复循环控制

机械设备中如机床的工作台、高炉加料设备等均需要自动往复运行，而自动往复的可逆运行通常是利用行程开关来检测往复运动的相对位置，进而控制电动机的正反转来实现生产机械的往复运动。

图 3-45 为自动往复循环运动示意图及控制电路。

在图 3-45（a）中，行程开关 SQ1、SQ2 分别固定安装在机床床身上，定义加工原点与终点；撞块 A、B 固定在工作台上，随着运动部件的移动分别压下行程开关 SQ1、SQ2，使其触点动作，改变控制电路的通断状态，使电动机实现可逆运行，完成运动部件的自动往复运动。

图 3-45（b）为自动往复循环控制电路，SQ1 为反向转正向行程开关，SQ2 为正向转反向行程开关，SQ3、SQ4 为正、反向极限保护用行程开关。合上电源开关 Q，按下正向启动按钮 SB2，接触器 KM1 通电并自锁，电动机正向启动运转并拖动运动部件前进，当运动部件前进到位时，撞块 B 压下 SQ2，其常闭触点断开，KM1 线圈断电，电动机停转；同时，SQ2 常开触点闭合，使 KM2 线圈通电并自锁，电动机反向启动运转并拖动运动部件后退；当后退到位时，撞块 A 压下 SQ1，使 KM2 线圈断电，同时使 KM1 线圈通电，电动机由反转变正转，拖动运动部件由后退变前进，如此周而复始地自动往复循环。当按下 SB1 时，KM1、KM2 线圈都断电，电动机停止运转，运动部件停止。

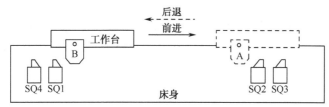

（a）机床工作台自动往复运动示意图

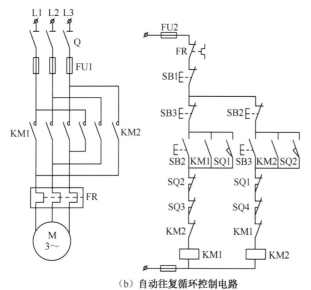

（b）自动往复循环控制电路

图 3-45　自动往复循环运动示意图及控制电路

SQ3、SQ4 用于当行程开关 SQ1、SQ2 失灵时，则由极限保护行程开关 SQ3、SQ4 实现保护，切断接触器线圈控制电路，避免运动部件因超出极限位置而发生事故。

习　题　3

1. 什么是低压电器？
2. 简述刀开关的作用及其主要组成部分。

3. 简述低压断路器的结构及各组成部分的作用。

4. 熔断器在电路中起什么作用？

5. 简述交流接触器的工作原理。

6. 时间继电器的作用是什么？

7. 热继电器的作用是什么？其保护功能与熔断器有何不同？

8. 万能转换开关的用途主要有哪些？

9. 行程开关与接近开关的工作原理有何不同？

10. 电气控制电路的基本控制规律主要有哪些？

11. 电动机点动控制与连续运转控制的关键控制环节是什么？其主电路又有何区别？

12. 什么是互锁控制？实现电动机正反转互锁控制的方法有哪两种？它们有何不同？

13. 电动机可逆运行控制电路中何为机械互锁？何为电气互锁？

14. 电动机常用的保护环节有哪些？通常它们各由哪些电器来实现其保护？

15. 何为电动机的欠电压与失电压保护？接触器和按钮控制电路是如何实现欠电压与失电压保护的？

项目 **4** 机床控制线路故障维修

学习目标

本项目主要对常用普通车床的电气控制及其安装、调试与维修进行分析和研究，掌握笼型异步电动机降压启动、电气制动的电气线路原理，了解分析机床电气控制线路的一般方法和步骤，能熟练分析 CD6140A 车床的电气线路工作原理。能熟练分析和排除 CD6140A 车床电气线路的常见故障，以提高在实际工作生产中综合分析和解决实际问题的能力。

任务6 CD6140A车床控制线路安装

对常用普通车床的电气控制及其安装、调试与维修进行分析和研究，掌握笼型异步电动机降压启动、电气制动的电气线路原理，了解分析机床电气控制线路的一般方法和步骤，能熟练分析 CD6140A 车床的电气线路工作原理。

知识链接

4.1 低压电器介绍

4.1.1 速度继电器

速度继电器是利用转轴的一定转速来切换电路的自动电器。它常用于电动机的反接制动的控制电路中，当反接制动的转速下降到接近零时，它能自动地及时切断电流。它由转子、定子和触头三部分组成。速度继电器与电动机同轴，触头串接在控制电路中。图 4-1 为速度继电器的外形图、原理图、安装图和图形及文字符号。

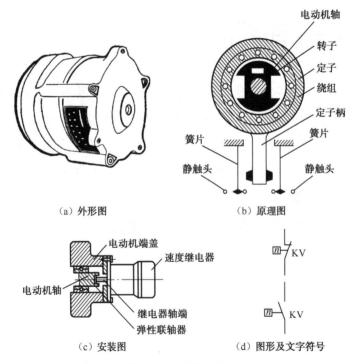

图 4-1 速度继电器

速度继电器的工作原理与笼型异步电动机相似。

转子是一块永久磁铁，与电动机或机械转轴相连在一起。当轴转动时永久磁铁也一起转动，这样相当于一个旋转磁场。定子外环装有鼠笼型绕组，因切割磁力线而产生感应电动势和感应电流，该电流在转子磁场作用下产生电磁力和电磁转矩，使定子外环跟随转动一个角度。于是定子柄随轴的转动方向动作，使得触头动作，改变状态。当电动机的转速较低（如小于 100 r/min）时，触头复位。

常用的速度继电器有 JY1、JFZ0 等系列。

速度继电器主要根据电动机的额定转速、控制要求等来选择。

4.1.2　电压继电器

根据电压大小而动作的继电器称为电压继电器。这种继电器的线圈的导线较细，匝数较多，并联在主电路中。其触头的动作与线圈的电压大小直接有关，在控制系统中起电压保护和控制作用。图 4-2 为电压继电器图片。

图 4-2　电压继电器图片

电压继电器分为：过电压继电器和欠电压继电器（或零电压继电器）。

1．过电压继电器

过电压继电器是当继电器线圈电压超过规定电压上限时，衔铁吸合，触头动作，在电路中用于过电压保护。当线圈电压降低到继电器释放电压时，衔铁才返回释放状态，相应触头也返回到原来状态。一般动作电压为（105%～120%）U_N。

2．欠电压继电器

欠电压继电器是当继电器线圈电压不足于所规定的电压下限时，衔铁吸合，而当线圈电压很低时衔铁才释放，在电路中用于欠电压保护。一般直流欠电压继电器动作电压为（30%～50%）U_N，释放电压为（7%～20%）U_N；交流欠电压继电器动作电压为（60%～85%）U_N，释放电压为（10%～35%）U_N。

4.1.3　电流继电器

根据线圈中电流的大小而动作的继电器称为电流继电器。这种继电器线圈的导线较粗，匝数较少，串联在电路中。触头的动作与否与线圈电流的大小直接有关。图 4-3 为电流继电器图片。

电流继电器按吸合电流大小分为：过电流继电器和欠电流继电器。

图 4-3　电流继电器图片

1．过电流继电器

过电流继电器在正常工作时电磁吸力不足以克服反力弹簧的力，衔铁处于释放状态。当线圈流过的电流超过某一整定值时，衔铁吸合，触头动作，起到过电流保护作用。一般交流过电流继电器的吸合电流为（1.1～3.5）I_N，直流过电流继电器的吸合电流为（0.75～3）I_N。瞬动型过电流继电器一般用于电动机的短路保护，延时动作型过电流继电器一般用于电动机过载兼具短路保护。有的过电流继电器带有手动复位机构。当过电流时，继电器衔铁动作后不能自动复位，只能在排除故障后采取人工复位。

2．欠电流继电器

欠电流继电器是当线圈电流降低到某一整定值时释放的继电器。所以在线圈电流正常时衔铁是吸合的。欠电流继电器在电路中起欠电流保护作用。这种继电器一般用于直流电动机和电磁吸盘的失磁保护。在电器产品中只有直流欠电流继电器，没有交流欠电流继电器。直流欠电流继电器的吸合电流和释放电流调节范围分别为（0.3～0.65）I_N 和（0.1～0.2）I_N。

4.1.4　电磁阀

电磁阀是用电磁铁推动滑阀移动来控制介质（气体、液体）的方向、流量、速度等参数的工业装置。电磁阀有很多种，不同的电磁阀在控制系统的不同位置发挥不同的作用。最常用的有单向阀、安全阀、方向控制阀、速度调节阀等。电磁阀是用电磁效应进行控制的，可以通过继电器控制电路及 PLC 来控制电磁阀达到预期的控制目的，控制灵活。图 4-4（a）为方向控制电磁阀图片，图 4-4（b）为电磁阀在液压气动回路中的职能符号，图 4-4（c）为电磁阀在电气控制回路中的图形文字符号。

下面以气动系统为例说明电磁阀在工业控制中的应用。所谓气动系统，就是以气体为介质的控制系统。气动系统中，这种作为能源的介质通常就是空气。在真正使用时，通常把大气中的空气的体积加以压缩，从而提高它的压力。压缩空气主要通过作用于活塞或叶片来做功。

气动系统中，电磁阀的作用就是在控制系统中按照控制的要求来调整压缩空气的各种状态。气动系统还需要其他元件的配合，其中包括动力元件、执行元件、开关、显示设备及其他辅助设备。动力元件包括各种压缩机，执行元件包括各种汽缸。这些都是气动系统中不可缺少的部分。而阀体是控制算法得以实现的重要设备。如单向阀让压缩空气从压缩机进入气罐，当压缩机关闭时，阻止压缩空气反方向流动；而安全阀当储气罐内的压力超过允许限度时，可将压缩空气排出；方向控制阀通过对汽缸两个接口交替地加压和排气，来控制运动的方向；速度调节阀能简便实现执行元件的无级调速。

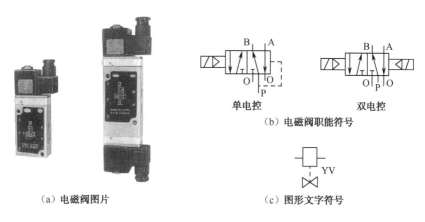

（a）电磁阀图片　（b）电磁阀职能符号　（c）图形文字符号

图 4-4　电磁阀

　　电磁阀不但能够应用在气动系统中，在油压的系统、水压的系统中也能够得到相同或者类似的应用，比如低功率不供油小型电磁换向阀，密封件不需供油，排出的气体不会污染环境，可用于食品、医药、电子等行业。

　　现在，电磁阀技术与控制技术、计算机技术、电子技术相结合，已经能够进行多种复杂的控制。比如可以把电磁阀应用在智能控制领域，应用在无线控制技术等方面。电磁阀正是因为能够用电磁进行控制，所以它能与现在的各种电子系统很好地接口，这也是它得到广泛应用的一个主要原因。

　　电磁阀已经广泛地应用在生产的各个领域中，随着电磁控制技术和制造工艺的提高，电磁阀能够实现更加精巧的控制，为实现不同的气动系统、液压系统发挥它的作用。

4.1.5　电磁离合器

　　电磁离合器又称电磁联轴节。它是利用表面摩擦和电磁感应原理，在两个作旋转运动的物体间传递转矩的执行电器。由于它便于远距离控制，控制能量小，动作迅速、可靠、结构简单，因此广泛应用于机床的电气控制中。摩擦片式电磁离合器应用较为普遍，一般分为单片式和多片式。图 4-5 为多片式摩擦电磁离合器图片。

图 4-5　多片式摩擦电磁离合器图片

图 4-6 为多片式摩擦电磁离合器结构简图，图 4-7 为电磁离合器的图形及文字符号。

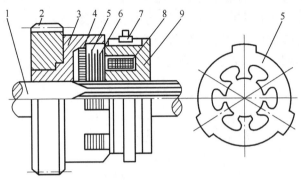

1—主动轴；2—从动齿轮；3—套筒；4—衔铁；5—从动摩擦片；

6—主动摩擦片；7—电刷与滑环；8—线圈；9—铁心

图 4-6　多片式摩擦电磁离合器结构简图　　　图 4-7　电磁离合器的图形及文字符号

主动轴与旋转动力源联结，主动轴转动后，主动摩擦片随同旋转。当线圈通电后，产生磁场，将摩擦片吸向铁心，衔铁也被吸住，紧紧压住各摩擦片。于是依靠主动摩擦片与从动摩擦片之间的摩擦力，使从动齿轮随主动轴转动，实现转矩的传递。线圈断电后，由于弹簧垫圈的作用，使摩擦片恢复自由状态，从动齿轮停止旋转。

电磁离合器的采用，能够在电动机一直处于运转状态下，负载可频繁启停，既避免了电动机的频繁启停，又可达到负载启停迅速的目的。同时一台电动机可以带动多个负载，且负载可以在不同的时刻启停，其作用在自动生产线上尤为突出。

4.2　三相异步电动机的启动

4.2.1　三相异步电动机的降压启动

三相笼型电动机容量较大时，一般应采用降压启动，有时为了减小和限制启动时对机械设备的冲击，即使允许直接启动的电动机，也往往采用降压启动。

三相笼型电动机降压启动的实质，就是在电源电压不变的情况下，启动时减小加在电动机定子绕组上的电压，以限制启动电流，而在启动后再将电压恢复至额定值，电动机进入正常运行。降压启动可以减小启动电流，减小线路电压降，也就减小了启动时对线路的影响，但电动机的电磁转矩是与定子端电压平方成正比的，所以降压启动使得电动机的启动转矩相应减小，故降压启动适用于空载或轻载下启动。

三相笼型电动机降压启动的方法有：定子绕组电路串电阻或电抗器；Y-△联结降压启动；延边三角形降压启动和使用自耦变压器降压启动等。

4.2.2　星形-三角形联结降压启动控制电路

正常运行时定子绕组接成三角形的笼型三相异步电动机可采用星形-三角形降压启动的方法达到限制启动电流的目的。启动时，定子绕组接成星形，待转速上升到接近额定转速时，再将定子绕组的接线换接成三角形，电动机进入全电压正常运行状态。星形联结时的

启动电流仅为三角形联结时的 $\frac{1}{3}$，相应的启动转矩也是三角形联结时的 $\frac{1}{3}$。

图 4-8 为星形-三角形降压启动电路，适用于 125 kW 及以下的三相笼型异步电动机作星形-三角形降压启动和停止控制。该电路由接触器 KM1、KM2、KM3，热继电器 FR，时间继电器 KT，按钮 SB1、SB2 等元件组成，并具有短路保护、过载保护和失压保护等功能。

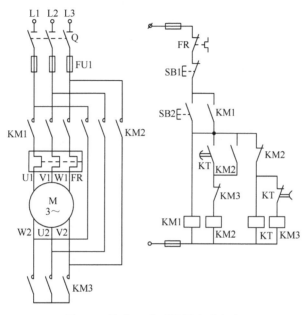

图 4-8　星形-三角形降压启动电路

电路工作分析：合上电源开关 Q，按下启动按钮 SB2，KM1、KT、KM3 线圈同时通电并自锁，电动机三相定子绕组联结成星形接入三相交流电源进行降压启动；当电动机转速接近额定转速时，通电延时型时间继电器动作，KT 常闭触点断开，KM3 线圈断电释放；同时 KT 常开触点闭合，KM2 线圈通电吸合并自锁，电动机绕组联结成三角形全压运行。当KM2 通电吸合后，KM2 常闭触点断开，使 KT 线圈断电，避免时间继电器长期工作。KM2、KM3 触点为互锁触点，以防止同时接成星形和三角形造成电源短路。

表 4-1 为 QX4 系列自动星形-三角形启动器技术数据。

表 4-1　QX4 系列自动星形-三角形启动器技术数据

型　号	控制电动机功率/kW	额定电流/A	热继电器额定电流/A	时间继电器整定值/s
QX4-17	13	26	15	11
	17	33	19	13
QX4-30	22	42.5	25	15
	38	58	34	17
QX4-55	40	77	45	20
	55	105	61	24
QX4-75	75	142	85	30
QX4-125	125	260	100～160	14～60

4.2.3 自耦变压器降压启动控制

电动机自耦变压器降压启动是将自耦变压器一次侧接在电网上，启动时定子绕组接在自耦变压器二次侧上。启动时定子绕组得到的电压是自耦变压器的二次侧电压，待电动机转速接近额定转速时，切断自耦变压器电路，把额定电压直接加在电动机的定子绕组上，电动机进入全压正常运行。

图 4-9 为 XJ01 系列自耦降压启动电路图。图中 KM1 为降压启动接触器，KM2 为全压运行接触器，KA 为中间继电器，KT 为降压启动时间继电器，HL1 为电源指示灯，HL2 为降压启动指示灯，HL3 为正常运行指示灯。

表 4-2 列出了部分 XJ01 系列自耦变压器降压启动器技术参数。

表 4-2 XJ01 系列自耦变压器降压启动器技术参数

型　　号	被控制电动机功率/kW	最大工作电流/A	自耦变压器功率/kW	电流互感器变比	热继电器整定电流/A
XJ01-14	14	28	14	—	32
XJ01-20	20	40	20	—	40
XJ01-28	28	58	28	—	63
XJ01-40	40	77	40	—	85
XJ01-55	55	110	55	—	120
XJ01-75	75	142	75	—	142
XJ01-80	80	152	115	300/5	2.8
XJ01-95	95	180	115	300/5	3.2
XJ01-100	100	190	115	300/5	3.5

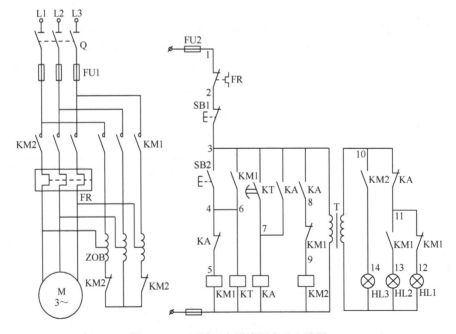

图 4-9 XJ01 系列自耦降压启动电路图

电路工作分析：合上主电路与控制电路电源开关 Q，HL1 灯亮，表示电源电压正常。按下启动按钮 SB2，KM1、KT 线圈同时通电并自锁，将自耦变压器接入主电路，电动机由自耦变压器供电做降压启动，同时指示灯 HL1 灭，HL2 亮，显示电动机正进行降压启动。当电动机转速接近额定转速时，时间继电器 KT 通电延时闭合触点闭合，使 KA 线圈通电并自锁，其常闭触点断开 KM1 线圈供电控制电路，KM1 线圈断电释放，将自耦变压器从主电路切除；KA 的另一对常闭触点断开，HL2 指示灯灭；KA 的常开触点闭合，接触器 KM2 线圈通电吸合，电源电压全部加在电动机定子上，电动机在额定电压下正常运转，同时，KM2 常开触点闭合，HL3 指示灯亮，表示电动机降压启动结束。由于自耦变压器星形联结部分的电流为自耦变压器一、二次电流之差，所以用 KM2 辅助触点来连接。

自耦变压器绕组一般具有多个抽头以获得不同的变化，自耦变压器降压启动比 Y-△ 降压启动获得的启动转矩要大得多，所以自耦变压器又称为启动补偿器，是三相笼型异步电动机最常用的一种降压启动装置。

4.3　三相异步电动机的制动

4.3.1　三相异步电动机的反接制动控制

在生产过程中，许多机床（如万能铣床、组合机床等）都要求能迅速停车和准确定位，这就要求必须对拖动电动机采取有效的制动措施。制动控制的方法有两大类：机械制动和电气制动。

机械制动是采用机械装置产生机械力来强迫电动机迅速停车；电气制动是使电动机产生的电磁转矩方向与电动机旋转方向相反，从而起制动作用。电气制动有反接制动、能耗制动、再生制动，以及派生的电容制动等。这些制动方法各有特点，适用于不同的环境。下面介绍几种类型的反接制动控制电路。

电工学课程中我们了解到，反接制动实质上是改变异步电动机定子绕组中的三相电源相序，使定子绕组产生与转子方向相反的旋转磁场，因而产生制动转矩的一种制动方法。

电动机反接制动时，转子与旋转磁场的相对速度接近于两倍的同步转速，所以定子绕组流过的反接制动电流相当于全压启动电流的两倍，因此反接制动的制动转矩大，制动迅速，但冲击大，通常适用于 10 kW 及以下的小容量电动机。为防止绕组过热、减小冲击电流，通常在笼型异步电动机定子电路中串入反接制动电阻。另外，采用反接制动，当电动机转速降至零时，要及时将反接电源切断，防止电动机反向再启动，通常控制电路是用速度继电器来检测电动机转速并控制电动机反接电源的断开。

1. 电动机单向反接制动控制

图 4-10 为电动机单向反接制动控制电路。图中 KM1 为电动机单向运行接触器，KM2 为反接制动接触器，KS 为速度继电器，R 为反接制动电阻。

电路工作分析如下。

单向启动及运行：合上电源开关 Q，按下 SB2，KM1 通电并自锁，电动机全压启动并正常运行，与电动机有机械连接的速度继电器 KS 转速超过其动作值时，其相应的触点闭合，为反接制动做准备。

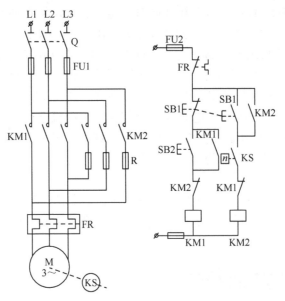

图 4-10　电动机单向反接制动控制电路

反接制动：停车时，按下 SB1，其常闭触点断开，KM1 线圈断电释放，KM1 常开主触点和常开辅助触点同时断开，切断电动机原相序三相电源，电动机因惯性运转。当 SB1 按到底时，其常开触点闭合，使 KM2 线圈通电并自锁，KM2 常闭辅助触点断开，切断 KM1 线圈控制电路。同时其常开主触点闭合，电动机串三相对称电阻接入反相序三相电源进行反接制动，电动机转速迅速下降。当转速下降到速度继电器 KS 释放转速时，KS 释放，其常开触点复位断开，切断 KM2 线圈控制电路，KM2 线圈断电释放，其常开主触点断开，切断电动机反相序三相交流电源，反接制动结束，电动机自然停车。

2．电动机可逆运行反接制动控制

图 4-11 为电动机可逆运行反接制动控制电路。图中 KM1、KM2 为电动机正、反向控制接触器，KM3 为短接电阻接触器，KA1、KA2、KA3、KA4 为中间继电器，KS 为速度继电器，其中 KS-1 为正向闭合触点、KS-2 为反向闭合触点，R 为限流电阻，具有限制启动电流和制动电流的双重作用。

电路工作分析如下。

正向降压启动：合上电源开关 Q，按下 SB2，正向中间继电器 KA3 线圈通电并自锁，其常闭触点断开互锁了反向中间继电器 KA4 的线圈控制电路；KA3 常开触点闭合，使 KM1 线圈控制电路通电，KM1 主触点闭合使电动机定子绕组串电阻 R 接通正相序三相交流电源，电动机降压启动。同时 KM1 常闭触点断开互锁了反向接触器 KM2，其常开触点闭合，为 KA1 线圈通电做准备。

全压运行：当电动机转速上升至一定值时，速度继电器 KS 正转，常开触点 KS-1 闭合，KA1 线圈通电并自锁。此时 KA1、KA3 的常开触点均闭合，接触器 KM3 线圈通电，其常开主触点闭合短接限流电阻 R，电动机全压运行。

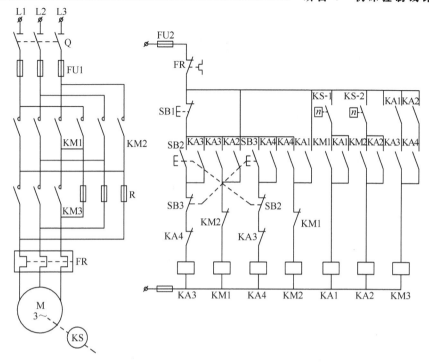

图 4-11 电动机可逆运行反接制动控制电路

反接制动:需停车时,按下 SB1,KA3、KM1、KM3 线圈相继断电释放,KM1 主触点断开,电动机因惯性高速旋转,使 KS-1 维持闭合状态,同时 KM3 主触点断开,定子绕组串电阻 R。由于 KS-1 维持闭合状态,使得中间继电器 KA1 仍处于吸合状态,KM1 常闭触点复位后,反向接触器 KM2 线圈通电,其常开主触点闭合,使电动机定子绕组串电阻 R 获得反相序三相交流电源,对电动机进行反接制动,电动机转速迅速下降。同时,KM2 常闭触点断开互锁了正向接触器 KM1 线圈控制电路。当电动机转速低于速度继电器释放值时,速度继电器常开触点 KS-1 复位断开,KA1 线圈断电释放,其常开触点断开,切断接触器 KM2 线圈控制电路,KM2 线圈断电释放,其常开主触点断开,反接制动过程结束。

电动机反向启动和反接制动停车控制电路工作情况与上述相似,在此不再复述。所不同的是速度继电器起作用的是反向触点 KS-2,中间继电器 KA2 替代了 KA1,请读者自行分析。

4.3.2 三相异步电动机的能耗制动控制

能耗制动就是在电动机脱离三相交流电源之后,向定子绕组内通入直流电流,建立静止磁场,利用转子感应电流与静止磁场的作用产生制动的电磁转矩,达到制动目的。

在制动过程中,电流、转速和时间三个参量都在变化,原则上可以任取其中一个参量作为控制信号。下面就分别以时间原则和速度原则控制能耗制动电路为例进行分析。

1. 电动机单向运行能耗制动控制

图 4-12 为电动机单向运行时间原则能耗制动控制电路图。图中 KM1 为单向运行接触器,KM2 为能耗制动接触器,KT 为时间继电器,T 为整流变压器,UR 为桥式整流电路。

电路工作分析：按下 SB2，KM1 通电并自锁，电动机单向正常运行。此时若要停机。按下停止按钮 SB1，KM1 断电，电动机定子脱离三相交流电源；同时 KM2 通电并自锁，将二相定子接入直流电源进行能耗制动，在 KM2 通电同时 KT 也通电。电动机在能耗制动作用下转速迅速下降，当接近零时，KT 延时时间到，其延时触点动作，使 KM2、KT 相继断电，制动过程结束。

图 4-12 中 KT 的瞬动常开触点与 KM2 自锁触点串接，其作用是：当发生 KT 线圈断线或机械卡住故障，致使 KT 常闭通电延时断开触点断不开，常开瞬动触点也合不上时，只有按下停止按钮 SB1，成为点动能耗制动。若无 KT 的常开瞬动触点串接 KM2 常开触点，在发生上述故障时，按下停止按钮 SB1 后，将使 KM2 线圈长期通电吸合，使电动机两相定子绕组长期接入直接电源。

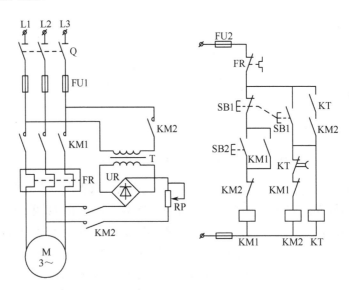

图 4-12　电动机单向运行时间原则能耗制动控制电路图

2．电动机可逆运行能耗制动控制

图 4-13 为速度原则控制电动机可逆运行能耗制动电路图。图中 KM1、KM2 为电动机正、反向接触器，KM3 为能耗制动接触器，KS 为速度继电器。

电路工作分析如下。

正、反向启动：合上电源开关 Q，按下正转或反转启动按钮 SB2 或 SB3，相应接触器 KM1 或 KM2 通电并自锁，电动机正常运转。速度继电器相应触点 KS-1 或 KS-2 闭合，为停车接通 KM3 实现能耗制动做准备。

能耗制动：停车时，按下停止按钮 SB1，定子绕组脱离三相交流电源，同时 KM3 通电，电动机定子接入直流电源进行能耗制动，转速迅速下降，当转速降至 100 r/min 时，速度继电器释放，其 KS-1 或 KS-2 触点复位断开，此时 KM3 断电。能耗制动结束，以后电动机自然停车。

对于负载转矩较为稳定的电动机，能耗制动时采用时间原则控制为宜，因为此时对时间继电器的延时整定较为固定。而对于能够通过传动机构来反映电动机转速的，采用速度

原则控制较为合适，应视具体情况而定。

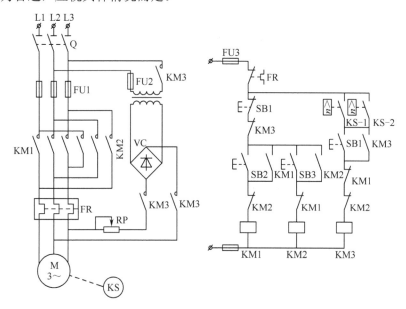

图 4-13　速度原则控制电动机可逆运行能耗制动电路图

项目实践 6　车床的电路分析

1．功能分析

车床是一种应用极为广泛的金属切削机床，能够车削内圆、外圆、端面、螺纹、螺杆等。普通车床主要由床身、主轴变速箱、进给箱、溜板箱、刀架、尾架、光杆和丝杠等部分组成，如图 4-14 所示。

下面以 CD6140A 普通车床为例进行介绍。CD6140A 普通车床有两种主要运动，一种是主轴上的卡盘带着工件的旋转运动，称为主运动；另一种是溜板箱带着刀架的直线运动，称为进给运动。车床工作时，绝大部分功率消耗在主轴运动上。

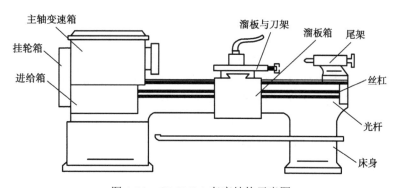

图 4-14　CD6140A 车床结构示意图

车床的进给运动是指刀架带动刀具的直线运动。溜板箱把丝杠或光杆的转动传递给刀架部分，变换溜板箱外部的控制手柄的位置，经刀架部分使车刀做纵向或横向进给。

车床的切削运动包括工件旋转的主运动和刀具的直线进给运动。车削速度是指加工件与刀具接触点的相对速度。根据工件的材料性质、几何形状、工件直径、加工方式及冷却液的不同，要求主轴有不同的切削速度。

（1）主拖动电动机采用一般三相笼型异步电动机，主轴采用机械调速，其正反转采用机械方式实现。

（2）主拖动电动机容量较小，采用直接启动方式。为减小振动，通过几条 V 带将动力传递到主轴箱。

（3）车削加工时，需要冷却液冷却，因此需要一台冷却泵电动机，其单方向旋转与主拖动电动机有联锁关系。

（4）主拖动电动机和冷却泵电动机部分应具有短路、欠压、失压和过载保护。

（5）应具有电源指示及局部安全照明装置。

2．控制方案

CD6140A 普通车床电气原理图如图 4-15 所示。

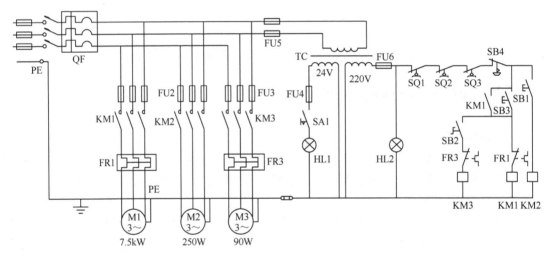

图 4-15　CD6140A 普通车床电气原理图

1）主电路分析

主电路有三台电动机，M1 为主轴电动机，拖动主轴旋转，并通过进给机构实现车床的进给运动；M3 为冷却泵电动机，拖动冷却泵输出。M2 为刀架快速移动电动机。QS 为电源开关，接触器 KM1 控制 M1 的启动和停止，接触器 KM2 控制 M2 的快速移动的启动和停止，接触器 KM3 控制 M3 的启动和停止；且 M3 在主轴 M1 启动后才能启动。热继电器FR1、FR3 分别实现对 M1、M3 进行过载保护。

2）控制电路分析

控制电路采用 380 V 交流电源供电，按下启动按钮 SB3，KM1 线圈得电并自锁，M1 直接启动。M1 运行后，合上转换开关 SB2，实现冷却泵电动机启动与停止，按下 SB4，M1、M3 同时停转。按下 SB1 实现刀架的快速移动。转换开关 SA1 控制照明灯工作状态，

熔断器 FU2、FU3、FU4、FU5、FU6 实现对冷却泵电动机、刀架快速移动电动机、控制电路及照明电路的短路保护。

该电路还具有欠压、零压保护。行程开关 SQ1 是皮带罩开关，SQ2 是电柜开门断电开关，SQ3 是卡盘防护开关。

3）辅助照明电路分析

机床局部照明采用 380 V/24 V 安全变压器 T，照明由转换开关 SA1 控制。同时采用 380 V/220 V 电源通电指示。HL1 为照明灯、HL2 为电源指示灯。

3. 电路说明

（1）同一电器元件应根据不同的控制对象（三相交流异步电动机）、应用场合选择其大小、颜色、极数等参数。

（2）主拖动电动机只要单方向旋转，所以电动机是单向运行，但应选好电动机的转向。

（3）电路设计要有保护功能。短路保护：可防止因电动机或电线出现相间短路或对地短路造成对电源等电器的损害。过载保护：可防止电动机因缺相、机械原因卡住或因欠压导致过载等故障造成损坏电动机的事故，

4. 实训设备及器材

（1）三相异步电动机。

（2）组合工具，数字万用表，钳形电流表。

（3）配线板。

（4）导线若干。

5. 实施方法与步骤

1）元器件的选择与安装

（1）根据控制电路原理图，分别选用相应的元器件，并检查其是否完好。

（2）根据电气原理图，绘制电气安装图，并根据电气安装图，完成元器件的安装。

2）电路装接

按要求完成电路装接，在此不再重述。

3）电路检查

按电路原理图或电气接线图从电源端开始，逐段核对接线及接线端子处是否正确，有无漏接、错接之处。检查导线接点是否符合要求，压接是否牢固。接触应良好，以免带负载运行时产生闪弧现象。

（1）主电路的检查。

将万用表打到"R×1"挡或数字表的"200Ω"挡，将表笔分别放在三相中的任意两相上，人为使 KM 吸合，此时万用表的读数应用电动机两绕组的串联电阻值（设电动机为 Y 形接法），以此类推，分别测量。

（2）控制电路的检查。

将万用表打到"R×10"或"R×100"挡或数字表的"2kΩ"挡，将表笔分别放置在控

制电路的两端（一般为控制电路两熔断器上方）。初始状态，万用表的读数应为无穷大；若按下启动按钮 SB2 或按下行程开关 SQ2，此时万用表的读数应为 KM 线圈的电阻值。

4）通电试车

通过上述检查后，可在指导教师的监护下通电试车，并观察电气元件、电动机的动作和运转。

知识拓展6　直流电动机的启停控制

直流电动机具有良好的启动、制动与调速性能，容易实现各种运行状态的自动控制。因此在工业生产中直流拖动系统得到了广泛的应用，直流电动机的控制已成为电力拖动自动控制的重要组成部分。

直流电动机有串励、并励、复励和他励四种，其控制电路基本相同。本节仅介绍直流他励电动机的启动、反向、制动和调速的电气控制。

1. 直流电动机单向运转启动控制

直流电动机若在额定电压下直接启动，启动电流可高达额定电流的 10～20 倍，产生很大的启动转矩，导致电动机换向器和电枢绕组的损坏，必须采用加大电枢电阻或降低电枢电压的方法来限制启动电流。同时，他励直流电动机在弱磁或零磁时会产生"飞车"现象，因此在接入电枢电压前，应先接入额定励磁电压，并且在励磁回路中设有弱磁保护环节。

图 4-16 为直流电动机电枢串两级电阻，按时间原则单向启动控制电路。图 4-16 中 KA1 为过电流继电器，KM1 为启动接触器，KM2、KM3 为短接启动电阻接触器，KT1、KT2 为时间继电器，KA2 为欠电流继电器，R_3 为放电电阻。

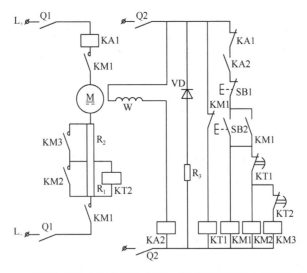

图 4-16　直流电动机电枢串两级电阻，按时间原则单向启动控制电路

电路工作情况分析：合上电源开关 Q1 和控制开关 Q2，KA2 线圈通电吸合，其常开触点闭合；同时，KT1 线圈通电吸合，其常闭触点断开，切断 KM2、KM3 线圈控制电路，保

证启动串入电阻 R$_1$、R$_2$。按下启动按钮 SB2，KM1 通电并自锁，其常开主触点闭合，接通电动机电枢电路，电枢串入二级电阻启动；同时 KM1 常闭触点断开，KT1 线圈断电，为延时使 KM2、KM3 通电短接电枢回路电阻做准备。在电动机启动的同时，并接于 R$_1$ 电阻的 KT2 线圈通电，其常闭触点打开，使 KM3 不能通电，确保电阻 R$_2$ 串入。

经过一段时间延时后，KT1 延时闭合触点闭合，KM2 线圈通电，串接电阻 R$_1$，随着电动机转速升高，电枢电流减小，为保持一定的加速转矩，启动过程中将串接电阻逐级切除；就在 R$_1$ 被短接的同时，KT2 线圈断电，经一定延时，KT2 常闭触点闭合，KM3 通电，短接 R$_2$，电动机在全电压下运转，启动过程结束。

电动机保护环节：过电流继电器 KA1 实现电动机过载保护和短路保护；欠电流继电器 KA2 实现电动机弱磁保护；电阻 R$_3$ 与二极管 VD 构成励磁绕组的放电回路，实现过电压保护。

2. 直流电动机单向运转能耗制动控制

图 4-17 为直流电动机单向旋转能耗制动电路。图 4-17 中 KM1 为线路接触器，KM2、KM3 为短接启动电阻接触器，KM4 为制动接触器，KA1 为过电流继电器，KA2 为欠电流继电器，KT1、KT2 为时间继电器，KM4 为制动接触器，KV 为电压继电器。

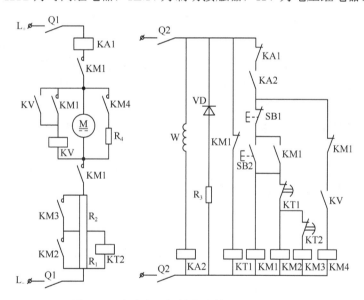

图 4-17　直流电动机单向旋转能耗制动电路

电路工作情况分析如下。

启动：电动机启动时电路工作情况与图 4-16 相同，主要完成直流电动机的电枢串电阻启动。

制动：停车时，按下 SB1，KM1 线圈断电释放，其常开主触点断开电动机电枢电源，电动机以惯性继续旋转。由于电动机转速较高，电枢两端仍建立足够大的感应电动势，使并联在电枢两端的电压继电器 KV 经自锁触点仍保持通电状态，KV 常开触点仍闭合，其常开主触点将电阻 R$_4$ 并联在电枢两端，电动机实现能耗制动，使转速迅速下降，电枢感应电动势也随之下降。当转速降至一定值时，电压继电器 KV 释放，KM4 线圈断电，电动机能耗制动结束，电动机自然停车。

任务7　机床电气线路故障的处理

任务描述

在本任务中，通过对 CD6140A 普通车床的故障分析，掌握排除机床设备电气线路故障的常用方法，能排除 CD6140A 普通车床电气线路的常见故障。

知识链接

4.4　机床电气设备故障的诊断步骤与方法

1. 故障诊断步骤

1）故障调查

机床电气线路故障调查，应遵循"问、看、听、摸"四个环节。

（1）问：机床发生故障后，首先应向操作者了解故障发生的情况，有利于根据电气设备的工作原理来分析发生故障的原因。一般询问的内容有：故障发生在开车前、开车后，还是发生在运行中？是运行中自行停车，还是发现异常情况后由操作者停下来的？发生故障时，机床工作在什么工作步序，按动了哪个按钮，扳动了哪个开关？故障发生前后，设备有无异常现象（如响声、气味、冒烟或冒火等）？以前是否发生过类似的故障，是怎样处理的？等等。

（2）看：观察熔断器内熔丝是否熔断，其他电气元件有无烧坏、发热、断线，导线连接螺丝有无松动，电动机的转速是否正常。

（3）听：通过听电动机、变压器和有些电气元件在运行时声音是否正常，可以帮助寻找故障的部位。

（4）摸：电动机、变压器和电气元件的线圈发生故障时，温度显著上升，可切断电源后用手去触摸。

2）电路分析

根据调查结果，参考该电气设备的电气原理图进行分析，初步判断出故障产生的部位，然后逐步缩小故障范围，直至找到故障点并加以消除。

分析故障时应有针对性，如接地故障一般先考虑电气柜外的电气装置，后考虑电气柜内的电气元件。断路和短路故障，应先考虑动作频繁的元件，后考虑其余元件。

3）断电检查

检查前先断开机床总电源，然后根据故障可能产生的部位，逐步找出故障点。检查时应先检查电源线进线处有无碰伤而引起的电源接地、短路等现象，螺旋式熔断器的熔断指示器是否跳出，热继电器是否动作。然后检查电气外部有无损坏，连接导线有无断路、松

动,绝缘是否过热或烧焦。

4）通电检查

断电检查仍未找到故障时,可对电气设备做通电检查。

在通电检查时要尽量使电动机和其所传动的机械部分脱开,将控制器和转换开关置于零位,行程开关还原到正常位置。然后用万用表检查电源电压是否正常,是否缺相或严重不平衡。再进行通电检查,检查的顺序为:先检查控制电路,后检查主电路;先检查辅助系统,后检查主传动系统;先检查交流系统,后检查直流系统;合上开关,观察各电气元件是否按要求动作,有否冒火、冒烟、熔断器熔断的现象,直至查到发生故障的部位。

2. 故障诊断方法

机床电气故障的检修方法较多,常用的有电压法、电阻法和短接法等。

1）电压测量法

电压测量法指利用万用表测量机床电气线路上某两点间的电压值来判断故障点的范围或故障元件的方法。

（1）分阶测量法:电压的分阶测量法如图 4-18 所示。

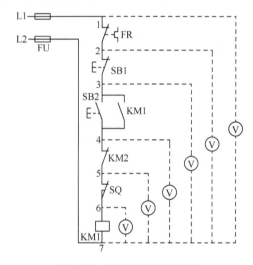

图 4-18 电压的分阶测量法

检查时,首先用万用表测量 1、7 两点间的电压,若电路正常应为 380 V。然后按住启动按钮 SB2 不放,同时将黑表笔接到点 7 上,红表笔按 6、5、4、3、2 标号依次向前移动,分别测量 7-6、7-5、7-4、7-3、7-2 各阶之间的电压,在电路正常情况下,各阶的电压值均为 380 V。如测到 7-6 之间无电压,说明是断路故障,此时可将红表笔向前移,当移至某点（如点 2）时电压正常,说明点 2 以前的触头或接线有断路故障。一般是点 2 前第一个触点（即刚跨过的停止按钮 SB1 的触头）或连接线断路。

（2）分段测量法:电压的分段测量法如图 4-19 所示。

先用万用表测试 1、7 两点间的电压,若电压值为 380 V,说明电源电压正常。

电压的分段测试法是用红、黑表笔逐段测量相邻两标号点 1-2、2-3、3-4、4-5、5-6、6-7 间的电压。

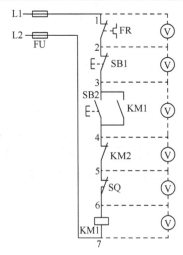

图 4-19 电压的分段测量法

如电路正常，按 SB2 后，除 6-7 两点间的电压等于 380 V 之外，其他任何相邻两点间的电压值均为零。

如按下启动按钮 SB2，接触器 KM1 不吸合，说明发生断路故障，此时可用电压表逐段测试各相邻两点间的电压。如测量到某相邻两点间的电压为 380 V，则说明这两点间所包含的触点、连接导线接触不良或有断路故障。例如，标号 4-5 两点间的电压为 380 V，说明接触器 KM2 的常闭触点接触不良。

2）电阻测量法

电阻测量法指利用万用表测量机床电气线路上某两点间的电阻值来判断故障点的范围或故障元件的方法。

（1）分阶测量法：电阻的分阶测量法如图 4-20 所示。

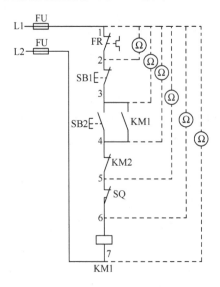

图 4-20 电阻的分阶测量法

按下启动按钮 SB2，接触器 KM1 不吸合，该电气回路有断路故障。

用万用表的电阻挡检测前应先断开电源，然后按下 SB2 不放松，先测量 1-7 两点间的电阻值，如电阻值为无穷大，说明 1-7 之间的电路断路。然后分阶测量 1-2、1-3、1-4、1-5、1-6 各点间的电阻值。若电路正常，则各点间的电阻值为"0"；若测量到某标号间的电阻值为无穷大，则说明表笔刚跨过的触头或连接导线断路。

（2）分段测量法：电阻的分段测量法如图 4-21 所示。

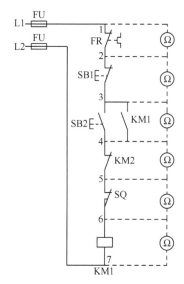

图 4-21　电阻的分段测量法

检查时，先切断电源，按下启动按钮 SB2，然后依次逐段测量相邻两标号点 1-2、2-3、3-4、4-5、5-6 间的电阻。如测得某两点间的电阻值无穷大，说明这两点间的触头或连接导线断路。例如，当测得 2-3 两点间电阻值为无穷大时，说明停止按钮 SB1 或连接 SB1 的导线断路。

电阻测量法要注意以下几点：

（1）用电阻测量法检查故障时一定要断开电源。

（2）如被测电路与其他电路并联，则必须将该电路与其他电路断开，否则所测得的电阻值是不准确的。

（3）测量高电阻值的电气元件时，把万用表的选择开关旋转至合适电阻挡。

3）短接法

短接法指用导线将机床线路中两等电位点短接，以缩小故障范围，从而确定故障范围或故障点。

（1）局部短接法：局部短接法如图 4-22 所示。

按下启动按钮 SB2 时，接触器 KM1 不吸合，说明该电路有故障。检查前先用万用表测量 1-7 两点间的电压值，若电压正常，可按下启动按钮 SB2 不放松，然后用一根绝缘良好的导线，分别短接标号相邻的两点，如短接 1-2、2-3、3-4、4-5、5-6。当短接到某两点时，接触器 KM1 吸合，说明断路故障就在这两点之间。

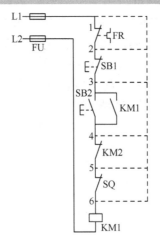

图 4-22　局部短接法

（2）长短接法：长短接法如图 4-23 所示。

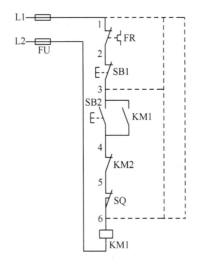

图 4-23　长短接法

长短接法是指一次短接两个或多个触头来检查故障的方法。

当 FR 的常闭触头和 SB1 的常闭触头同时接触不良时，如用上述局部短接法短接 1-2 点，按下启动按钮 SB2，KM1 仍然不会吸合，故可能会造成判断错误。而采用长短接法将 1-6 短接，如 KM1 吸合，说明 1-6 这段电路中有断路故障，然后再短接 1-3 和 3-6，若短接 1-3 时 KM1 吸合，则说明故障在 1-3 段范围内。再用局部短接法短接 1-2 和 2-3，就能很快地排除电路的断路故障。

短接法检查要注意以下几点：

（1）短接法是用手拿绝缘导线带电操作的，所以一定要注意安全，避免触电事故发生。

（2）短接法只适用于检查压降极小的导线和触头之类的断路故障。对于压降较大的电器，如电阻、线圈、绕组等断路故障，不能采用短接法，否则会出现短路故障。

（3）对于机床的某些要害部位，必须保障电气设备或机械部位不会出现事故的情况下才能使用短接法。

项目实践 7　车床的电路排查

1．功能分析

通过对 CD6140A 普通车床电气控制线路的分析，掌握电路工作原理及过程，了解机床电气控制线路故障判断、分析与处理方法，并能够熟悉常见故障的分析与处理。

2．CD6140A 普通车床电气控制线路故障分析及处理方法

CD6140A 普通车床电气控制线路的常见故障与处理方法见表 4-3。

表 4-3　CD6140A 普通车床电气控制线路的常见故障与处理方法

故 障 现 象	故 障 分 析	处 理 方 法
电源正常，接触器不吸合，主轴电动机不启动	1．熔断器 FU2 熔断或接触不良； 2．热继电器 FR1、FR2 已动作，或动断触点接触不良； 3．接触器 KM 线圈断线或触点接触不良； 4．按钮 SB1、SB2 接触不良或按钮控制线路有断线	1．更换熔体或旋紧熔断器； 2．检查热继电器 FR1、FR2 动作原因及动断触点接触情况，并予以修复； 3．接触器 KM 线圈断线或触点接触不良，予以修复，接触器衔铁若卡死应拆下重装； 4．检查按钮触点或线路断线处，并予以修复
电源正常，接触器能吸合，但主轴电动机不能启动	1．接触器主触点接触不良； 2．热继电器电阻丝烧断； 3．电动机损坏，接线脱落或绕组断线	1．将接触器主触点拆下，用砂纸打磨使其接触良好； 2．换热继电器； 3．检查电动机绕组、接线，并予以修复
接触器能吸合，但不能自锁	1．触器 KM 的自锁触点接触不良或其接头松动； 2．按钮接线脱落	1．检查接触器 KM 的自锁触点是否良好，并予以修复，紧固接线端子； 2．检查按钮接线，予以修复
主轴电动机缺相运行（主轴电动机转速慢，并发出"嗡嗡"声）	1．电源缺相； 2．接触器有一相接触不良； 3．热继电器电阻丝烧断； 4．电动机损坏，接线脱落或绕组断线	1．用万用表检测电源是否缺相，并予以修复； 2．检查接触器触点，并予以修复； 3．更换热继电器； 4．检查电动机绕组、接线，并予以修复
主轴电动机不能停转（按 SB1 电动机不停转）	1．接触器主触点熔焊、接触器衔铁卡死； 2．接触器铁心有油污、灰尘，使衔铁粘住	1．切断电源使电动机停转，更换接触器主触点； 2．将接触器铁心上的油污、灰尘擦干净
照明灯不亮	1．熔断器 FU3 熔断或照明灯泡损坏； 2．变压器一、二次绕组断线或松脱、短路。	1．更换熔丝或灯泡； 2．用万用表检测变压器一、二次绕组断线、短路及接线，并予以修复

3．实训设备及器材

1）工具

测试笔、螺钉旋具、斜口钳、尖嘴钳、剥线钳、电工刀等。

2）仪表

兆欧表、万用表。

3）器材

（1）控制板一块（包括所用的低压电器器件）。

（2）导线及规格：主电路导线由电动机容量确定；控制电路一般采用截面为 1 mm² 的铜芯导线（BV）；按钮线一般采用 0.75 mm² 的铜芯线（RV）；导线的颜色要求主电路与控制电路必须有明显的区别。

（3）备好编码套管。

4．实施方法和步骤

（1）熟悉 CD6140A 普通车床电气控制线路；

（2）按机床设备故障诊断方法，分别使用电工工具和仪表通过电压测量法和电阻测量法进行电气控制线路测量，观察结果；

（3）自行模拟故障点，通过测量进行故障判断；每小组三个故障点，写出诊断过程及处理意见；

（4）小组互换，为对方设置模拟故障点四个，在规定时间内进行故障分析及处理，同时做好故障诊断记录。

知识拓展7　摇臂钻床、磨床、万能铣床的电气控制线路分析

1．Z3040 摇臂钻床电气控制线路分析

Z3040 摇臂钻床有两种主要运动及其他辅助运动。主运动是指主轴带动钻头的旋转运动；进给运动是指钻头的垂直运动；辅助运动是指主轴箱沿摇臂水平移动、摇臂沿外立柱上下移动以及摇臂和外立柱一起相对于内立柱的回转运动。

Z3040 摇臂钻床具有两套液压控制系统：一套是由主轴电动机拖动齿轮泵送出压力油，通过操纵机构实现主轴正反转、停车制动、空挡、预选与变速；另一套是由液压泵电动机拖动液压泵送出压力油来实现摇臂的夹紧与松开、主轴箱的夹紧与松开、立柱的夹紧与松开。前者安装在主轴箱内，后者安装于摇臂电器盒下部。

1）操纵机构液压系统

该系统压力油由主轴电动机拖动齿轮泵送出，由主轴操作手柄来改变两个操纵阀的相互位置，获得不同的动作。操作手柄有五个空间位置：上、下、里、外和中间位置。其中上为"空挡"，下为"变速"，外为"正转"，里为"反转"，中间位置为"停车"。而主轴转速及主轴进给量各由一个旋钮预选，然后再操作主轴手柄。

主轴旋转时，首先按下主轴电动机启动按钮，主轴电动机启动旋转，拖动齿轮泵，送出压力油。然后操纵主轴手柄，扳至所需转向位置（里或外），于是两个操纵阀相互位置改变，使一股压力油将制动摩擦离合器松开，为主轴旋转创造条件；另一股压力油压紧正转（反转）摩擦离合器，接通主轴电动机到主轴的传动链，驱动主轴正转或反转。

在主轴正转或反转的过程中，可转动变速旋钮，改变主轴转速或主轴进给量。

主轴停车时，将操作手柄扳回中间位置，这时主轴电动机仍拖动齿轮泵旋转，但此时整个液压系统为低压油，无法松开制动摩擦离合器，而在制动弹簧作用下将制动摩擦离合器压紧，使制动轴上的齿轮不能转动，实现主轴停车。所以主轴停车时主轴发动机仍在旋转，只是不能将动力传到主轴。

主轴变速与进给变速：将主轴操作手柄扳至"变速"位置，于是改变两个操纵阀的相互位置，使齿轮泵送出的压力油进入主轴转速预选阀和主轴进给量预选阀，然后进入各变速油缸。与此同时，另一油路系统推动拔叉缓慢移动，逐渐压紧主轴正转摩擦离合器，接通主轴电动机到主轴的传动链，带动主轴缓慢旋转，称为缓速，以利于齿轮的顺利啮合。当变速完成时，松开操作手柄，此时手柄在弹簧作用下由"变速"位置自动复位到主轴"停车"位置，然后再操纵主轴正转或反转，主轴将在新的转速或进给量下工作。

2）夹紧机构液压系统

主轴箱、内外立柱和摇臂的夹紧和松开是由液压泵电动机拖动液压泵送出压力油，推动活塞、菱形块来实现的。其中由一个油路控制主轴箱和立柱的夹紧，另一油路控制摇臂的夹紧和松开，这两个油路均由电磁阀控制。

Z3040 摇臂钻床电气控制线路如图 4-24 所示。该机床共有四台电动机：主电动机 M1、摇臂升降电动机 M2、液压泵电动机 M3 和冷却泵电动机 M4。

3）主电路分析

（1）主电动机 M1 单向旋转，它由接触器 KM1 控制，而主轴的正反转依靠机床液压系统并配合正、反转摩擦离合器来实现。

（2）摇臂升降电动机 M2 具有正反转控制，控制电路保证在操纵摇臂升降时先通过液压系统，将摇臂松开后 M2 才能启动，带动摇臂上升或下降，当移动达到所需位置时控制电路又保证升降电动机先停止，然后自动液压系统将摇臂夹紧。由于 M2 是短时运转的，所以没有设置过载保护。

（3）液压泵电动机 M3 送出压力油作为摇臂的松开与夹紧、立柱和主轴箱的松开与夹紧的动力源。为此，M3 采用由接触器 KM4、KM5 来实现正反转控制，并设有热继电器 FR2 作为过载保护。

（4）冷却泵电动机 M4 容量小，所以用组合开关 SA 直接控制其运行和停止。

4）控制电路分析

该机床控制电路同样采用 380 V/127 V 隔离变压器供电，但其二次绕组增设 36 V 安全电压供局部照明使用。

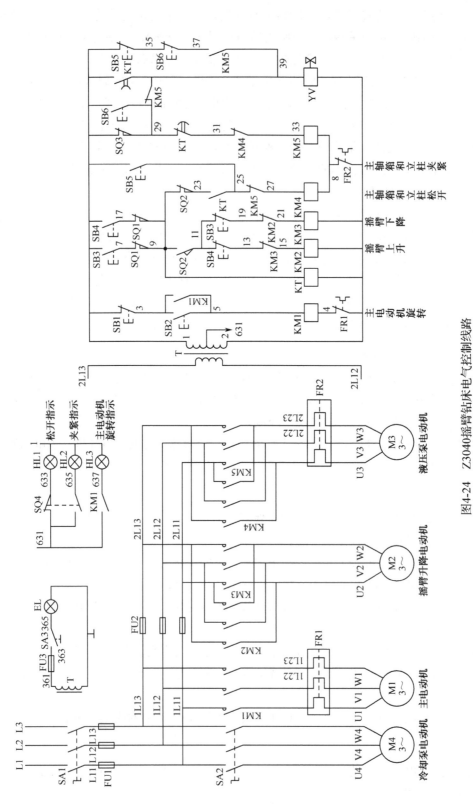

图4-24　Z3040摇臂钻床电气控制线路

（1）摇臂升降的控制：按上升（或下降）按钮 SB3（或 SB4），时间继电器 KT 吸合，其延时断开的动合触点（1-39）与瞬时动合触点（23-25）使电磁铁 YV 和接触器 KM4 同时吸合，液压泵电动机 M3 旋转，供给压力油。压力油经二位六通阀进入摇臂松开的油腔，推动活塞和菱形块，使摇臂松开。同时活塞杆通过弹簧片压下限位开关 SQ2，使接触器 KM4 线圈断电释放，液压泵电动机 M3 停转，与此同时 KM2（或 KM3）吸合，升降电动机 M2 旋转，带动摇臂上升（或下降）。如果摇臂没有松开，SQ2 的动合触点也不能闭合，KM2（或 KM3）就不能吸合，摇臂也就不可能升降。

　　当摇臂上升（或下降）到所需位置时，松开按钮 SB3（或 SB4），KM2（或 KM3）和时间继电器 KT 释放，升降电动机 M2 停转，摇臂停止升降。由于 KT 释放，其延时闭合的动断触点（29-31）经 1～3 s 延时后，接触器 KM5 吸合，液压电动机 M3 反向启动旋转，供给压力油。压力油经二位六通阀（此时电磁铁 YV 仍处于吸合状态）进入摇臂夹紧油腔，向相反方向推动活塞和菱形块，使摇臂夹紧。同时，活塞杆通过弹簧片压下限位开关 SQ3，KM5 和 YV 同时断电释放，液压泵电动机停止旋转，夹紧动作结束。

　　摇臂上升的动作过程如下：

$$\text{按 SB3}\begin{cases}\text{KT 吸合}\\\text{KM4 吸合}\end{cases}\text{M3 正转、YV 吸合}\rightarrow\text{压下 SQ2}\begin{cases}\text{KM2 吸合}\rightarrow\text{M2 正转}\\\text{KM4 断电}\rightarrow\text{M3 停止}\end{cases}\text{摇}$$

臂上升到预定位置，松开 SB3。

　　摇臂下降的动作过程如下：

$$\text{按 SB4}\begin{cases}\text{KT 吸合}\\\text{KM4 吸合}\end{cases}\text{M3 正转、YV 吸合}\rightarrow\text{压下 SQ2}\begin{cases}\text{KM3 吸合}\rightarrow\text{M3 反转}\\\text{KM4 断电}\rightarrow\text{M3 停止}\end{cases}\text{摇}$$

臂下降到预定位置，松开 SB4。

　　这里还应注意，在摇臂松开后，限位开关 SQ3 复位，其触点是（1-29）闭合的，而在摇臂夹紧后，SQ3 被压合。时间继电器 KT 的作用是：控制接触器 KM5 在升降电动机 M2 断电后的吸合时间，从而保证在升降电动机停转后再夹紧摇臂的动作顺序。时间继电器 KT 的延时，可根据需要整定在 1～3 s。

　　摇臂升降的限位保护，由组合开关 SQ1 来实现。当摇臂上升到极限位置时，SQ1 动作，将电路（7-9）断开，则 KM2 断电释放，升降电动机 M2 停止旋转。但 SQ1 的另一组触点（9-17）仍处于闭合状态，保证摇臂能够下降。同理，当摇臂下降到极限位置时，SQ1 动作，电路（9-17）断开，KM3 释放，M2 停转。而 SQ1 的另一动断触点（7-9）仍闭合，以保证摇臂能够上升。

　　摇臂的自动夹紧是由行程 SQ3 来控制的。如果液压夹紧系统出现故障而不能自动夹紧摇臂，或者由于 SQ3 调整不当，在摇臂夹紧后不能使 SQ3 的动断触点断开，都会使液压泵电动机处于长期过载运行状态，这是不允许的。为了防止损坏液压泵电动机，电路中使用了热继电器 FR2。

　　摇臂夹紧动作过程如下：摇臂升（或降）到预定位置，松开 SB3（或 SB4）→KT 断电延时→KM5 吸合、M3 反转、YV 吸合→摇臂夹紧→SQ3 受压，触点（1-29）断开→KM5、M3、YV 均断电释放。

　　（2）立柱和主轴箱的松开与夹紧控制：立柱和主轴箱的松开与夹紧是同时进行的。首先按下按钮 SB5（或夹紧按钮 SB6），接触器 KM4（或 KM5）吸合，液压电动机 M3 旋

转，供给压力油，压力油经二位六通阀（此时电磁铁 YV 处于释放状态）进入立柱松开及夹紧液压缸和主轴箱松开及夹紧液压缸，推动活塞和菱形块，使立柱和主轴箱分别松开（或夹紧）。同时松开（或夹紧）指示灯 HL1（HL2）显示。

5）线路的特点

采用液压系统来实现主轴电动机的正反转、制动、空挡、预选及变速；采用液压系统来实现主轴箱、立柱及摇臂的松开与夹紧，并与电气配合实现摇臂升降与夹紧、松开的自动循环；具有指示装备。

2．M7130 平面磨床电气控制线路分析

M7130 平面磨床电气控制电路图如图 4-25 所示。该线路分为主电路、控制电路、电磁吸盘控制电路和照明电路四部分。

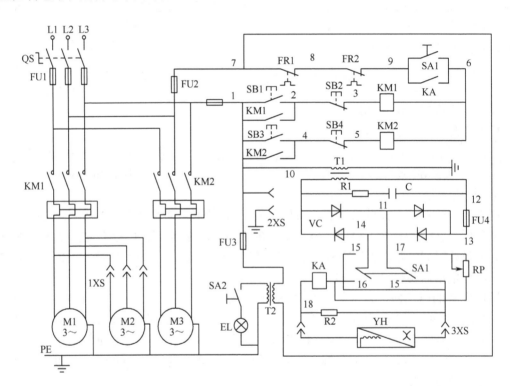

图 4-25　M7130 平面磨床电气控制电路图

1）主电路分析

主电路中有三台电动机，M1 为砂轮电动机，M2 为冷却泵电动机，M3 为液压泵电动机，它们使用一组熔断器 FU1 作为短路保护，M1、M2 由热继电器 FR1 作过载保护，M3 由热继电器 FR2 作过载保护。由于冷却泵箱和床体是分装的，所以冷却泵电动机 M2 通过插接器 1XS 和砂轮电动机 M1 的电源线相连，并和 M1 在主电路实现顺序控制。冷却泵电动机容量小，没设过载保护；砂轮电动机 M1 由接触器 KM1 控制；液压泵电动机 M3 由接触器 KM2 控制。

2）控制电路分析

控制电路采用 380 V 电压供电，由按钮 SB1、SB2 与接触器 KM1 构成砂轮电动机启动、停止控制电路。由按钮 SB3、SB4 与接触器 KM2 构成液压泵电动机启动、停止控制电路。在三台电动机控制电路中，串接着转换开关 SA1 的常开触点和欠电流继电器 KA 的常开触点，因此，三台电动机启动的必要条件是 SA1 或 KA 的常开触点闭合。即欠电流继电器 KA 通电吸合，触点 KA（6-9）闭合，或 YH 不工作，但转换开关 SA1 置于"去磁"位置，触点 SA1（6-9）闭合后方可进行。

3）电磁吸盘控制电路

电磁吸盘的构造和原理：电磁吸盘外形有长方形和圆形两种。矩形平面磨床采用长方形电磁吸盘。电磁吸盘结构和工作原理图如图 4-26 所示。

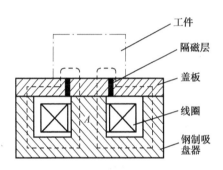

图 4-26　电磁吸盘结构和工作原理图

它的外壳由钢制箱体和盖板组成。在箱体内部均匀排列的多个凸起的芯体上绕有线圈，盖板则采用非磁性材料隔离成若干个钢条。当线圈通入直流电后，凸起的芯体和隔离的钢条均被磁化形成磁极。当工件放在电磁吸盘上时，将被磁化而产生与磁盘相异的磁极并被吸住，即磁力线经由盖板、工件、盖板、吸盘体、芯体闭合，将工件牢牢吸住。

电磁吸盘电路由整流装置、控制装置及保护装置等部分组成。

电磁吸盘整流装置由整流变压器 T1 与桥式全波整流器 VC 组成，输出 110 V 直流电压对电磁吸盘供电。电磁吸盘集中由转换开关 SA1 控制。SA1 有三个位置：充磁、断电与去磁。当开关置于"充磁"位置时，触点 SA1（11-15）与触点 SA1（14-16）接通；当开关置于"去磁"位置时，触点 SA1（14-15）、SA1（11-17）及 SA1（6-9）接通；当开关置于"断电"位置时，SA1 所有触点都断开。

对应开关 SA1 各位置，电路工作情况如下：当 SA1 置于"充磁"位置时，电磁吸盘 YH 获得 110 V 直流电压，其极性 15 号线为正，18 号线为负，同时欠电流继电器 KA 与 YH 串联，若吸盘电流足够大，则 KA 动作，触点 KA（6-9）闭合，电磁吸盘吸力足以将工件吸牢，这时可分别操作按钮 SB1 与 SB3，启动 M1 与 M2 进行磨削加工。当加工完成后，按下停止按钮 SB2 与 SB4，M1 与 M2 停止旋转。为便于从吸盘上取下工件，需对工件进行去磁，其方法是将开关 SA1 扳至"去磁"位置。当 SA1 扳至"去磁"位置时，电磁吸盘中通入反方向电流，并在电路中串入可变电阻 R2，用以限制并调节反向去磁电流大小，达到既去磁又不致反向磁化的目的。去磁结束后将 SA1 扳到"断电"位置，便可取下工件。

电磁吸盘保护环节：电磁吸盘具有欠电流保护、过电压保护及短路保护等。

电磁吸盘的欠电流保护：为了防止平面磨床在磨削过程中出现断电事故或吸盘电流减小，致使电磁吸盘失去吸力或吸力减小，造成工件飞出，引起工件损坏或人身事故，故在电磁吸盘线圈电路中串入欠电流继电器 KA，只有当直流电压符合设计要求，吸盘具有足够吸力时，KA 才吸合，触点 KA（6-9）闭合，为启动 M1、M2 进行磨削加工做准备。否则不能开动磨床进行加工；若已在磨削加工中，则 KA 因电流过小而释放，触点 KA（6-9）断开，KM1、KM2 线圈断电，M1、M2 立即停止旋转，避免事故发生。

电磁吸盘线圈的过电压保护：电磁吸盘匝数多，电感大，通电工作时储有大量磁场能量。当线圈断电时，在线圈两端将产生高电压，若无放电回路，将使线圈绝缘及其他电器设备损坏。为此，在吸盘线圈两端应设置放电装置，以吸收断开电源后放出的磁场能量。该机床在电磁吸盘两端并联了电阻 R3，作为放电电阻。

电磁吸盘的短路保护：在整流变压器 T1 二次侧或整流装置输出端装有熔断器作短路保护用。

此外，在整流装置中还设有 R、C 串联电路并联在 T1 二次侧，用以吸收交流电路产生的过电压和直流侧电路通断时在 T1 二次侧产生的浪涌电压，实现整流装置的过电压保护。

4）照明电路

由照明变压器 T2 将 380 V 降为 36 V，并由开关 SA2 控制照明灯 EL。在 T2 一次侧装有熔断器 FU3 作短路保护用。

3．X62W 卧式万能铣床电气控制线路分析

X62W 卧式万能铣床电气控制线路如图 4-27 所示。

1）主电路分析

主电路中 M1 是主轴电动机，通过换向开关 SA5 与接触器 KM1、KM2 进行正反转、反接制动和瞬动控制，并通过机械机构进行变速。M2 是进给电动机，通过 KM3、KM4 控制电动机正反转，通过 KM5 和牵引电磁铁 YA 控制电动机的快慢，并通过机械机构使工作台上下、左右及前后快速移动。通过 KM6 控制冷却泵电动机 M3 的正转，且 M1 启动后 M3 才能启动。热继电器 FR1、FR2 和 FR3 分别实现对 M1、M2 和 M3 进行过载保护，熔断器 FU1、FU2、FU3 及 FU4 实现对主轴电动机、冷却泵电动机、控制电路及照明电路的短路保护。

2）控制电路分析

（1）主轴电动机的控制。

为了便于操作，主轴电动机 M1 采用两地控制方式，主轴电动机启动按钮 SB1、停止按钮 SB3 为一组，安装在床体上；另一组启动按钮 SB2、停止按钮 SB4 安装在工作台上。KM1 是主轴电动机启动接触器，KM2 是反接制动接触器；SA5 是电源换向开关，用于改变电动机的转向。主轴换向开关说明如表 4-4 所示。SQ7 是与主轴变速手柄联动的瞬动行程开关；主轴电动机 M1 启动后，速度继电器 KV 的动合触点闭合，为电动机停转制动做准备。主轴电动机 M1 停止时，按停止按钮 SB3 或 SB4 切断 KM1 电路，接通 KM2 电路，改变了 M1 的电源相序，实现了定子绕组串电阻反接制动；当电动机 M1 的转速接近零时，速度继电器触点复位，KV 触点自动断开切断电源。

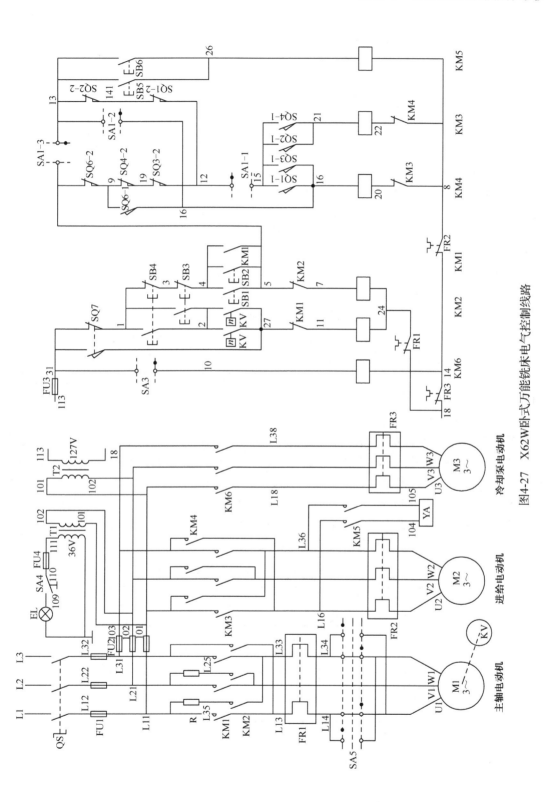

图4-27　X62W卧式万能铣床电气控制线路

表 4-4　主轴换向开关说明

位　置	触　点	左　转	停　止	右　转
SA5-1	L14-W1	+	−	−
SA5-2	L14-U1	−	−	+
SA5-3	L34-W1	−	−	+
SA5-4	L34-U1	+	−	−

（2）工作台进给电动机的控制。

工作台进给上下运动和前后运动及左右运动的控制，是依靠电动机 M2 的正反转实现的，而正反转接触器 KM3、KM4 是由两个机械手柄控制的，这两个完全相同的手柄分别装在工作台左侧的前方和后方。手柄的联动机构与行程开关 SQ3、SQ4 相连接，操作手柄的同时完成机械挂挡并压合 SQ3、SQ4，使正反转接触器接通，进给电动机运行，拖动工作台向预定方向运动。操作手柄有五个位置，五个位置是联锁的。工作台上下及横向限位的终端保护，是利用工作台座上的挡铁撞动十字手柄使其回到中间位置，工作台停止运动。工作台进给控制电路只有在主轴电动机启动后才能接通。

① 工作台向上运动的控制：主轴电动机启动后，将手柄扳到"向上"位置时，其机械离合器挂上，为垂直传动做准备；同时压合行程开关 SQ4，使 SQ4-2（9-19）断开、SQ4-1（15-21）闭合，接触器 KM3 线圈得电，M2 正转，拖动工作台向上运动。当需要停止时，将手柄扳回中间位置，垂直进给离合器脱开，同时 SQ4 不再受压，SQ4-1（15-21）断开，电动机 M2 停转，工作台停止运动。

② 工作台向下运动的控制：将手柄扳向"向下"位置时，其联动机构使垂直离合器挂上，为垂直传动做准备；同时压合行程开关 SQ3 使 SQ3-2（12-19）断开、SQ3-1（15-16）闭合，接触器 KM4 线圈得电，M2 反转，拖动工作台向下运动。

③ 工作台向前、向后横向运动的控制：将手柄扳到"向前"或"向后"位置，垂直进给离合器脱开，而横向进给离合器接通传动机构，使工作台向前、向后横向运动。

工作台横向及升降进给行程开关说明，如表 4-5 所示。

表 4-5　工作台横向及升降进给行程开关说明

位　置	触　点	向前向下	停　止	向后向上
SQ3-1	15-16	+	−	−
SQ3-2	12-19	−	+	+
SQ4-1	15-21	+	−	−
SQ4-2	9-19	−	+	+

（3）工作台左右运动控制。

工作台左右运动是由工作台纵向控制手柄来控制的，此手柄也是复式的，手柄有三个位置：向左、零位、向右。当手柄扳到"向右"或"向左"位置时，通过联动机构将纵向进给离合器挂上，同时压下行程开关 SQ1 或 SQ2，使接触器 KM4 或 KM3 动作，控制进给电动机 M2 的正反转。工作台左右行程的长短可以通过调节安装在工作台两端的挡铁来控制，当工作台纵向运动到极限位置时，挡铁撞动纵向控制手柄，使它回到零位，工作台便停止运动，从而实现了终端保护。

① 工作台向左运动的控制：将操纵手柄扳到"向左"方向，其联动机构压下行程开关 SQ2，使 SQ2-2（13-141）断开、SQ2-1（15-21）闭合，KM3 得电，电动机 M2 反转，拖动工作台向左运动。

② 工作台向右运动的控制：将操纵手柄扳到"向右"方向，其联动机构压下行程开关 SQ1，使 SQ1-2（12-141）断开、SQ1-1（15-16）闭合，接触器 KM4 得电，电动机 M2 正转，拖动工作台向右运动。

工作台的纵向进给行程开关说明，如表 4-6 所示。

表 4-6　工作台的纵向进给行程开关说明

位　　置	触　　点	向　　左	停　　止	向　　右
SQ1-1	15-16	−	−	+
SQ1-2	12-141	+	+	−
SQ2-1	15-21	+	−	+
SQ2-2	13-141	−	+	+

（4）工作台快速移动控制。

当铣床不进行铣削加工时，工作台在纵向、横向、垂直六个方向都可以快速移动。工作台快速移动是由进给电动机 M2 拖动的，其动作过程如下：当工作台按照选定的速度和方向进行工作时，再按下快速移动按钮 SB5 或 SB6，使接触器 KM5 线圈得电，接通牵引电磁铁 YA，经杠杆使进给传动链上的摩擦离合器合上，减少了中间传动装置，使工作台按原方向快速移动。当松开快速移动按钮时，电磁铁 YA、KM5 相继断电，摩擦离合器断开，快速移动停止，工作台按原进给速度、方向继续移动。

工作台也可以在主轴电动机不转情况下进行快速移动，此时应将主轴换向开关 SA5 扳在"停止"的位置，然后按下 SB1 或 SB2，使接触器 KM1 线圈得电并自锁，操纵工作台手柄选定方向，使进给电动机 M2 启动，再按下快速移动按钮 SB5 或 SB6，工作台便可以快速移动。

（5）主轴变速冲动联锁控制。

变速时，拉出变速手柄，转动变速盘，选择需要的转速，此时将凸轮机构压下，使冲动行程开关 SQ7 动断触点（31-1）先断开，使 M1 断电。随后 SQ7 动合触点（31-27）接通，接触器 KM2 线圈得电动作，M1 反接制动。当手柄继续向外拉至极限位置时，SQ7 不受凸轮控制而复位，M1 停转。接着把手柄推向原来位置，凸轮又压下 SQ7，使动合触点接通，接触器 KM2 线圈得电，M1 反转一下，以利于变速后齿轮啮合，继续把手柄推向原位，SQ7 复位，M1 停转，操作结束。

（6）圆工作台运动控制。

圆工作台工作时先将转换开关 SA1 扳到接通位置，这时 SA1-2（13-16）闭合，SA1-1

（12-15）和 SA1-3（13-15）断开，然后将工作台的两个操纵手柄扳到零位，此时四个行程开关 SQ1～SQ4 的触点都处于复位状态。这时按下主轴启动按钮 SB1 或 SB2，主轴电动机 M1 启动，进给电动机 M2 也因接触器 KM4 线圈得电而启动，并经传动机构使圆工作台回转。圆工作台只能沿一个方向做回转运动。另外，圆工作台控制电路是经过行程开关 SQ1～SQ4 的四对动断触点形成回路，若扳动任一进给手柄，都将使圆工作台停止工作，这就实现了工作台进给与圆工作台的运动联锁关系。圆工作台转换开关 SA1 说明，如表 4-7 所示。圆工作台要停止工作时，只要按下主轴停止按钮 SB3 或 SB4 即可。

表 4-7　圆工作台转换开关说明

位　置 触　点		圆 工 作 台	
		接　通	断　开
SA1-1	12-15	+	+
SA1-2	13-16	−	−
SA1-3	13-15	+	+

（7）冷却泵电动机与照明电路的控制。

冷却泵电动机 M3 由转换开关 SA3 控制，当扳至"接通"位置时触点 SA3（31-10）闭合，接触器 KM6 线圈得电，冷却泵电动机 M3 启动，送出冷却液。

机床局部照明由照明变压器 T1 输出 36 V 电压供电，由开关 SA4 控制照明灯 EL。

习 题 4

1. CD6140A 型普通车床电气控制具有哪些特点？

2. 分析 Z3040 钻床电路中，时间继电器 KT 和电磁阀 YV 在什么时候动作？时间继电器 KT 各触头的作用是什么？

3. Z3040 钻床电路中有哪些联锁与保护？

4. Z3040 钻床电路中，行程开关 SQ1～SQ4 的作用是什么？

5. M7130 平面磨床电气控制具有哪些特点？

6. M7130 平面磨床的电磁吸盘线圈为何要用直流供电而不能用交流供电？

7. T68 镗床是如何实现主轴变速控制的？

8. 试叙述 T68 镗床快速进给的控制过程。

9. 简述 X62W 万能铣床主轴变速冲动的控制过程。

10. 简述 X62W 万能铣床的工作台快速移动的控制过程。

11. 如果 X62W 万能铣床的工作台能左、右进给，但不能前后、上下进给，试分析故障原因。

项目 5 电气控制线路设计、安装与调试

学习目标

本项目主要通过动力头加工自动控制线路的设计、安装与调试，使学生了解和掌握继电－接触器控制系统的电气控制设计的基本原则、内容及规律；通过应用实例对设计步骤及方法进行分析，使学生掌握简单电气控制系统的设计和实施过程，可以根据给定的控制要求，完成简单控制电路的规划与实施，掌握电气接线图和互连图的绘制，能够根据要求对小型电气控制电路进行改进，并进行资料整理。

任务8 动力头加工自动控制线路设计

任务描述

运用所学知识和技能，进行动力头加工自动控制线路分析、设计，学习元器件的选用，并完成原理图草图的绘制。

知识链接

5.1 电气控制系统设计

5.1.1 电气控制系统设计的基本原则和内容

现代工业控制系统的核心设备及关键技术的多样化，使电气控制系统设计的中心内容有了很大的差异。传统继电—接触器控制系统设计是在设计电路原理的基础上，重点对电路的工艺进行设计；单片机控制系统设计中必须对单片机本身做系统配置；PLC 控制系统是将硬件和软件分开，着力进行软件的编程设计。但是，不论什么控制系统，在设计规划时，必须符合设计的基本原则。

1. 电气控制系统设计的基本原则

（1）最大限度地满足生产机械和生产工艺对电气控制的要求，这些生产工艺要求是电气控制设计的依据。因此在设计前，应深入现场进行调查，收集资料，并与生产过程有关人员、机械部分设计人员、实际操作者密切配合，明确控制要求，共同拟定电气控制方案，协同解决设计中的各种问题，使设计成果满足生产工艺要求。

（2）在满足控制要求前提下，设计方案力求简单、经济、合理，不要盲目追求自动化和高指标。力求控制系统操作简单，使用与维修方便。

（3）正确、合理地选用电器元件，确保控制系统安全可靠地工作，同时考虑技术进步、造型美观。

（4）为适应生产的发展和工艺的改进，在选择控制设备时，设备能力应留有适当裕量。

2. 电气控制系统设计的基本内容

电气控制系统的设计主要包括电气原理图设计和电气工艺设计两部分，是根据系统的控制要求，设计和编制出电气设备制造、使用和维修中必备的图样、清单、说明书等资料。设计的基本内容包括以下几方面。

1）拟定电气设计任务书

电气设计任务书是电气设计的依据，是由电气设计人员、机械设计人员及企业管理决策人员共同分析设备的原理及动作要求、技术及经济指标后确定的。

2）选择拖动方案

设备的拖动方法主要有电力拖动、液压传动、气动等多种，选择拖动方案是根据拖动系统的控制要求，合理选择电动机类型和参数，在电力拖动系统中还要对电动机的启动及换向方法、调速及制动方法进行方案设计。

3）选择控制方式

随着电力电子技术、计算机技术、自动控制理论的不断发展进步，机械结构及工艺水平的不断提高，电气控制技术也由传统的继电—接触器控制向顺序控制、PLC 控制、计算机网络控制等方面发展，出现了多种控制方式，根据拖动方式和设备自动化程度的要求合理地选择控制方式成为设计中的一部分。

对于一般机械设备，其工作程序是固定不变的，多选用继电—接触器控制；对经常变换加工工序的设备可采用 PLC 控制；对复杂控制系统（自动生产线、加工中心等）采用工业控制计算机和组态软件控制。

4）设计电气控制原理图，合理选用元器件，编制元器件目录清单

电气原理图主要包括主电路、控制电路和辅助电路。根据电气原理合理选择元器件，并列写元器件清单。

设计电气设备制造、安装、调试所必需的各种工艺性技术图纸（设备布置图、元器件安装底板图、控制面板图、电气安装接线图、电气互连图等），并以此为依据编制各种材料定额清单。

5）编写设计说明书和使用说明书

5.1.2　电力拖动方案的确定原则

生产机械的电力拖动方案主要根据生产机械调速要求来确定。

1. 对于无电气调速要求的生产机械

一般在不需要电气调速和启动、制动不频繁时，应首先考虑采用笼型异步电动机拖动，只有在负载静转矩很大或有飞轮的拖动装置中，才考虑采用绕线型转子异步电动机。当负载很平稳，容量大且启动、制动次数很少时，采用同步电动机更为合理。

2. 对于有电气调速要求的生产机械

（1）调速范围 $D=2\sim3$，调速级数≤2～4，一般采用改变极对数的双速或多速笼型异步电动机拖动。

（2）调速范围 $D<3$，且不要求平滑调速时，采用绕线型异步电动机，但仅适合于短时或重复短时的场合。

（3）调速范围 $D=3\sim10$，且要求平滑调速，在容量不大的情况下，可采用带滑差离合器的交流电动机拖动系统，若需长期运行在低速，也可考虑采用晶闸管电源的直流拖动系统。

（4）调速范围 $D=10\sim100$ 时，可采用 G-M 系统或晶闸管电源的直流拖动系统。

3．确定电动机的调速性质

电动机调速性质是指电动机在整个调速范围内转矩、功率与转速的关系，是容许恒功率输出，还是恒转矩输出。电动机的调速性质应与生产机械的负载特性相适应。

5.1.3 拖动电动机的选择

电动机的选择包括电动机结构形式、电动机额定电压、电动机额定转速、额定功率和电动机容量等技术指标的选择。

1．电动机选择的基本原则

（1）电动机的机械特性应满足生产机械提出的要求，要与负载的负载特性相适应。保证运行稳定且具有良好的启动、制动性能。

（2）工作过程中电动机容量能得到充分利用，使其温升尽可能达到或接近额定温升值。

（3）电动机结构形式满足机械设计提出的安装要求，并能适应周围环境条件。

（4）在满足设计要求前提下，应优先采用结构简单、价格便宜、使用维护方便的三相笼型异步电动机。

2．电动机结构形式的选择

（1）从工作方式上，不同工作制应分别选择连续、短时及断续周期性工作的电动机。

（2）从安装方式上分卧式和立式两种。

（3）按不同工作环境选择电动机的防护形式。开启式适用于干燥、清洁的环境；防护式适用于干燥和灰尘不多，没有腐蚀性和爆炸性气体的环境；封闭式分自扇冷式、他扇冷式和密封式三种，前两种用于潮湿、多灰尘、多腐蚀性气体的环境，后一种用于浸入水中的机械；防爆式用于有爆炸危险的环境中。

3．电动机额定电压的选择

（1）交流电动机的额定电压与供电电网电压一致，低压电网电压为 380 V，因此，中小型异步电动机额定电压为 220 V/380 V。当电动机功率较大时，可选用 3000 V、6000 V 及 10 000V 的高压电动机。

（2）直流电动机的额定电压也要与电源电压一致，当直流电动机由单独的直流发电机供电时，额定电压常用 220 V 及 110 V。大功率电动机可提高至 600～800 V。

4．电动机额定转速的选择

对于额定功率相同的电动机，额定转速越高，电动机尺寸、重量和成本越小，因此选用高速电动机较为经济。但由于生产机械所需转速一定，电动机转速越高，传动机构转速比越大，传动机构越复杂。因此，应综合考虑电动机与机械两方面的多种因素来确定电动机的额定转速。

5．电动机容量的选择

电动机容量的选择有两种方法：分析计算法和调查统计类比法。

（1）分析计算法。该方法是根据生产机械负载图，在产品目录上预选一台功率相当的电动机，再用此电动机的技术数据和生产机械负载图求出电动机的负载图，最后，按电动机的负载图从发热方面进行校验，并检查电动机的过载能力是否满足要求，如若不行，重新计算直至合格为止。此法计算工作量大，负载图绘制较难，实际使用不多。

（2）调查统计类比法。该方法是在不断总结经验的基础上，选择电动机容量的一种实用方法，此法比较简单，对同类型设备的拖动电动机容量进行统计和分析，从中找出电动机容量与设备参数的关系，得出相应的计算公式。以下为典型机床的统计分析法公式。

车床：

$$P = 36.5D^{154} \, \text{kW}$$

式中，D 为工件最大直径，单位为 m。

立式车床：

$$P = 20D^{0.88} \, \text{kW}$$

式中，D 为工件最大直径，单位为 m。

摇臂钻床：

$$P = 0.0646D^{1.19} \, \text{kW}$$

式中，D 为最大钻孔直径，单位为 mm。

卧式镗床：

$$P = 0.004D^{1.7} \, \text{kW}$$

式中，D 为镗杆直径，单位为 mm。

5.1.4　电气原理图设计

1．电气原理图设计的基本步骤

（1）根据选定的拖动方案和控制方式设计系统的原理框图，拟定出各部分的主要技术要求和主要技术参数。

（2）根据各部分的要求，设计出原理框图中各个部分的具体电路。对于每一部分电路的设计都是按照"主电路→控制电路→联锁与保护→总体检查"反复修改与完善来进行。

（3）绘制系统总原理图。按系统框图将各部分电路连成一个整体，完善辅助电路，绘成系统总原理图。

（4）合理选择电气原理图中每一电器元件，制订出元器件目录清单。

2．电气原理图设计中的一般规律

（1）电气控制系统应满足生产机械的工艺要求。

在设计前，应对生产机械工作性能、结构特点、运动情况、加工工艺工程及加工情况有充分的了解，并在此基础上考虑控制方案，如控制方式、启动、制动、反向及调速要求，必要的联锁与保护环节，以保证生产机械工艺要求的实现。

（2）尽量减少控制电路中电流、电压的种类，控制电压选择标准电压等级。

电气控制电路中常用的电压等级如表 5-1 所示。

（3）尽量选用典型环节或经过实际检验的控制线路。

（4）在控制原理正确的前提下，减少连接导线的根数与长度。

表 5-1　电气控制电路中常用的电压等级

控制电路类型		常用的电压值/V	电 源 设 备
交流电力传动的控制电路较简单	交流	380、220	不用控制电源变压器
交流电力传动的控制电路较复杂		110（127）、48	采用控制电源变压器
照明及信号指示电路		48、24、6	采用控制电源变压器
直流电力传动的控制电路	直流	220、110	整流器或直流发电机
直流电磁铁及电磁离合器的控制电路		48、24、12	整流器

　　合理地安排各电器元件之间的连线，尤其注重电气柜与各操作面板、行程开关之间的连线，使电路结构更为合理。例如，图 5-1（a）所示两地控制电路原理虽然正确，但因为电气柜及一组控制按钮安装在一起，距另一地的控制按钮有一定的距离，使两地间的连线较多；而图 5-1（b）两地间的连线较少，结构更合理。

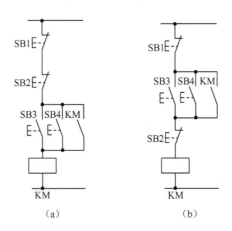

图 5-1　两地控制电路

（5）合理安排电器元件及触头的位置，如图 5-2 所示。

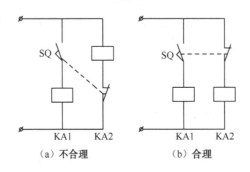

图 5-2　电器元件及触头的位置

　　（6）减少线圈通电电流所经过的触点点数，提高控制线路的可靠性；减少不必要的触点和电器通电时间，延长器件的使用寿命。图 5-3（a）所示的顺序控制电路，KM3 线圈通电电流要经过 KA1、KA2、KA3 三对触点，若改为图 5-3（b）电路，则每个继电器的接通，只需经过一对触点，工作较为可靠。

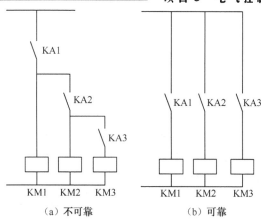

（a）不可靠　　　　　（b）可靠

图 5-3　顺序控制电路

（7）保证电磁线圈的正确连接方法。电磁式电器的电磁线圈分为电压线圈和电流线圈两种类型。为保证电磁机构可靠工作，同时动作电器的电压线圈只能并联连接，不允许串联连接，否则，因衔铁气隙的不同，线圈交流阻抗不同，电压不会平均分配，导致电器不能可靠工作；反之，电流线圈同时工作时只能串联，不能并联；避免电路出现寄生电路。图 5-4 为存在寄生电路的控制电路，所谓寄生电路是指控制电路在正常工作或事故情况下，发生意外接通的电路。若有寄生电路存在，将破坏电路的工作顺序，造成误动作，图 5-4 在正常情况下，电路能完成启动、正反转和停止的操作控制，信号灯也能指示电动机的状态，但当出现过热故障时，热继电器 FR 常闭触点断开时，出现如图虚线所示的寄生电路，将使 KM1 不能断电释放，电动机失去过热保护。

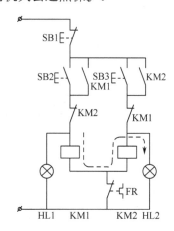

图 5-4　存在寄生电路的控制电路

（8）控制变压器容量的选择。控制变压器用来降低控制电路和辅助电路的电压，满足一些电器元件的电压要求。在保证控制电路工作安全可靠的前提下，控制变压器的容量应大于控制电路最大工作负载时所需要的功率，即

$$S_T \geq K_T \sum S_{XC}$$

式中，$\sum S_{XC}$ 为控制电路在最大负载时电器所需要的功率。S_{XC} 为电器元件的吸持功率，K_T 为变压器容量的储备系数，一般取 1.1～1.25。

3．电气控制原理图的设计方法

电气控制原理图的设计方法有分析设计法和逻辑设计法两种。

1）分析设计法

分析设计法是以继电-接触器电路的基本规范及基本单元电路为基础的设计方法。设计时根据主电路的构成及生产机械对电气控制的要求，针对各个执行器件，选择通用的单元电路，如各种启、停控制单元电路，各种延时控制电路，各种调速控制电路等。然后完成这些单元电路在总的控制功能下的组合。在进行电路的组合后，完成各单元电路间的逻辑制约，如互锁、顺序控制等。最后还需为电路考虑必要的保护及指示环节。以上的几个步骤，主电路的设计及单元电路的设计需反复斟酌，努力达到最佳效果。在没有现成单元电路可利用的情况下，可按照生产机械工艺要求逐步进行设计，采取边分析边画图的方法。分析设计法易于掌握，但也存在以下缺点：

（1）对于试画出来的电气控制电路，当达不到控制要求时，往往采用增加电器元件或触点数量来解决，设计出来的电路，往往不是最简单、经济的；

（2）设计中可能因考虑不周出现差错，影响电路的可靠性及工作性能；

（3）设计过程需反复修改，设计进度慢；

（4）设计步骤不固定。

2）逻辑设计法

逻辑设计法克服了分析设计法的缺点。它从机械设备的工艺资料（工作循环图、液压系统图）出发，根据控制电路中的逻辑关系，并经逻辑函数式的化简，再画出相应的电路图，这样设计出的控制电路既符合工艺要求，又能达到电路简单、可靠、经济合理的目的，但较复杂的电气控制系统，现已不使用继电—接触器控制系统来实现。

4．常用控制电器的选择

原理设计完成后，要对控制系统中的有关参数进行必要的计算，如主电路中的工作电流、各种电器元件的额定参数及其在电路中动合或动断触点的总数等。然后再根据计算结果，选择电器元件。

1）接触器的选用

（1）根据使用类型选用相应产品系列。

（2）根据电动机（或其他负载）的功率和操作情况确定接触器的容量等级。

（3）根据控制回路电压决定接触线圈电压。

（4）根据使用地点的周围环境选择有关系列或特殊规格的接触器。

2）时间继电器的选择

（1）根据控制电路中对延时触点的要求来选择延时方式。

（2）根据延时准确度要求和延时长短要求选择。

（3）根据使用场合、工作环境选择。

3）热继电器的选用

（1）根据被保护电动机的实际启动时间，选取 6 倍额定电流下，具有相应可返回时间的热继电器，一般热继电器的可返回时间，大约为 6 倍额定电流下动作时间的 50%～70%。

（2）热元件额定电流的选取。

一般可按下式选取：

$$I_N=(0.95\sim1.05)I_{NM}$$

对工作环境恶劣、启动频繁的电动机，则按下式选取热元件后，还需用电动机的额定电流来调整它的整定值。

$$I_N=(1.15\sim1.5)I_{NM}$$

4）熔断器的选择

（1）对熔断器类型进行选择。

（2）熔体额定电流的确定。

① 对电炉、电灯照明等负载，熔体的额定电流应大于或等于实际负载电流。

② 对输、配电线路，熔体的额定电流应小于线路的安全电流。

③ 对电动机一般按下式计算。

对于单台电动机：

$$I_{NF}=(1.5\sim2.5)I_{NM}$$

式中　I_{NF}——熔体额定电流，单位为 A；

　　　I_{NM}——电动机额定电流，单位为 A。

轻载启动或启动时间较短时，上式的系数取 1.5；重载启动或启动次数较多、启动时间较长时，系数取 2.5。

对于多台电动机：

$$I_{NF}=(1.5\sim2.5)I_{NM\max}\sum I_M$$

式中　$I_{NM\max}$——容量最大一台电动机的额定电流，单位为 A；

　　　$\sum I_M$——其余各台电动机额定电流之和，若有照明电路，则电流一并计入，单位为 A。

熔体额定电流确定以后，就可确定熔管额定电流，应使熔管额定电流大于或等于熔体额定电流。

项目实践 8　机床的控制电路分析

1. 功能分析

现用某专用机床给一箱体加工两侧平面。加工方法是将箱体夹紧在可前后移动的滑台上，两侧平面用左右动力头铣削加工。其要求是：

（1）加工前滑台应快速移动到加工位置，然后改为慢速进给。快进速度为慢进速度的 10 倍，滑台速度的改变是由齿轮变速机构和电磁铁来实现的，即电磁铁吸合时为快速，电磁铁释放时为慢速。

（2）滑台从快速移动到慢速进给应自动变换，铣削完毕要自动停车，由人工操作滑台快速退回原位后自动停车。

（3）具有短路、过载、欠压及失压保护。

2．控制原理草图

本专用机床需用三台笼型异步电动机，滑台电动机 M1 的功率为 1.0 kW，需正反转；两台动力头电动机 M2 和 M3 的功率为 4.5 kW，只需要单向运转。

根据滑台电动机 M1 需正反转，左右动力头电动机 M2、M3 只需单向运转的控制要求，选择接触器锁正反转控制线路和接触器自锁正转控制线路，并进行有机地组合，画出控制线路草图如图 5-5 所示。

3．控制要求分析

根据加工前滑台应快速移到加工位置，且电磁铁吸合时为快进，说明 KM1 得电时，电磁铁 YA 应得电吸合，故应在电磁铁 YA 线圈回路中串入 KM1 的常开辅助触头；滑台由快速移动自动变为慢速进给，所以在 YA 线圈回路中串接位置开关 SQ3 的常闭触头；滑台慢速进给终止（切削完毕）应自动停车，所以应在接触器 KM1 控制回路中串接位置开关 SQ1 的常闭触头；人工操作滑台快速退回，故在 KM1 常开辅助触头和 SQ3 常闭触头电路的两端并接 KM2 常开辅助触头；滑台快速返回到原位后自动停车，应在接触器 KM2 控制回路中串接位置开关 SQ2 的常闭触头；由于动力头电动机 M2、M3 随滑台电动机 M1 的慢速工作而工作，所以可把 KM3 的线圈串接 SQ3 常开触头后与 KM1 线圈并接。

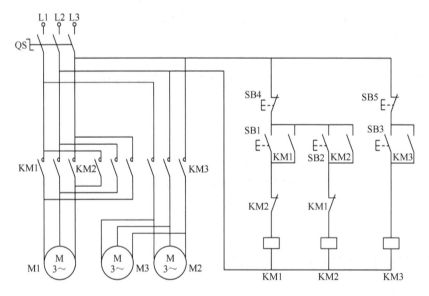

图 5-5　自动加工动力头控制线路草图

4．控制原理图

1）电气控制原理图

自动加工动力头控制线路原理图如图 5-6 所示。

2）工作原理分析

接通电源，按启动按钮 SB1，接触器 KM1 线圈得电吸合并自锁，主电动机启动运转；

同时，接触器 KM1 辅助触点闭合，中间继电器 KA 线圈得电吸合，KA 触点闭合使电磁铁线圈 YA 得电吸合，通过变速机构使滑台快速移动到设定切削位置，当滑台触碰行程开关 SQ3 后，SQ3 常闭触点断开，此时中间继电器 KA 断电，使得电磁铁线圈失电，滑台由快速移动变为慢速进给；同时 SQ3 常开触点闭合，接触器 KM3 线圈得电吸合，动力头电动机 M2、M3 运转配合滑台对工件进行加工；当加工完成后，触碰 SQ1 使接触器 KM1、KM3 线圈断电，滑台电动机 M1 及动力头电动机 M2、M3 停转。

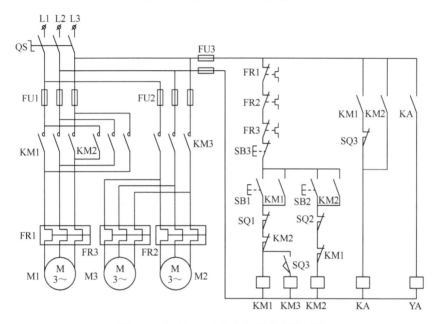

图 5-6　自动加工动力头控制线路原理图

当需要滑台回到起始位置时，按动 SB2，接触器 KM2 线圈吸合，电动机 M1 运转，同时电磁铁线圈吸合，滑台快速返回，触碰到行程开关 SQ2，滑台停止到起始位置，等待第二次加工开始。

5．电路说明

控制线路需要短路、过载、欠压和失压保护，所以在线路中接入熔断器 FU1、FU2、FU3 和热继电器 FR1、FR2、FR3。上述线路中，由于电磁铁电感大，会产生大的冲击电流，有可能引起线路工作不可靠，故选择中间继电器 KA 组成电磁铁的控制回路。

行程开关的安装位置，应以实际工作台位置做相应的调整；电器采用标准件和选用相同型号的电器。

6．实训设备及器材

（1）三相异步电动机；

（2）组合工具，数字万用表，钳形电流表；

（3）配线板；

（4）导线若干。

7. 实施步骤与方法

1）主电路设计

系统需要控制的对象有：滑台电动机、动力头电动机 3 个对象。根据控制要求，完成主电路设计，并绘制草图。

2）列出主电路中电气元件动作的要求

根据控制对象要求和主电路的布局，列出电气元件动作的要求。

3）选择基本控制环节，并进行初步的组合

根据上述要求，选择相应的基本控制环节，并完成相互组合。注意，基本控制环节电路组合时，应理清动作顺序关系。

4）简化线路

根据所学知识，将一些功能上相同、接法上相似的触点合二为一，以节省触点，简化电路。

5）对照要求，完善电路

对照主电路电气元件动作的要求，完善控制要求中的保护功能：为实现短路保护，可在主电路中串接熔断器 FU 和在控制线路中串接熔断器 FU；为防止电动机过载，可在每组电动机主电路中加装热继电器 FR1～FR3，利用热继电器的触头，使电路在电动机过载时采取一定的防范措施。考虑到该系统只要有一台电动机过载，整个系统便不能正常工作，因此只要有电动机过载，就应使系统总停，故热继电器 FR1～FR3 的动断触头应全部与总停按钮串接于一起。

6）统计接触器、继电器及触头数，并进行合理安排

统计电路中使用的接触器及继电器所用的触头数，填写表 5-2。

从表 5-2 中可以分析出控制系统所用触头数量，如果触头的数量不够使用，可另加一中间继电器扩展触头，但该方法增加了元件的数量，如能简化线路，减少触头的使用数量，则尽量简化线路，使所用的元件数尽可能得少。

表 5-2　接触器、继电器所用的触点数统计

名　　称	控制回路所用触点数		主回路所用触点数		合　　计	
	动　合	动　断	动　合	动　断	动　合	动　断

7）线路的分析与完善

线路设计完毕后，往往还有一些不合理的情况，需要对其分析并进行完善。

（1）是否已完全简化。对电路的简化应再进行一次，看触头的数量是否使用过多，是否连线最方便、最短等。

（2）回路内是否存在寄生回路。在某些较复杂的情况下，有些回路并不是所希望的，这就是寄生回路。寄生回路的产生，可使电路在某些情况下误动作，而有些情况下则出现振动，造成能源无谓的消耗。

（3）为防止误操作，每个电路都应分析按钮在各种情况按下时的动作情况。例如，在电动机正反转电路中，当正转时按下反转按钮，电路如何反应，正、反转按钮同时按下时，是正转还是反转等都应仔细分析，以防止操作失误时对设备造成损坏。

8）可行性验证

设计后的电路，应进行一次可行性的验证。试验时可采取一定的保护措施，以验证各种特殊情况下的反应，确无问题后方可认为设计方案可投入运行。

知识拓展 8　某冷库继电-接触器控制系统设计

下面以某冷库为例，设计一个继电-接触器控制系统。某冷库要求对压缩机电动机、冷却塔电动机、蒸发器电动机、水泵电动机及电磁阀进行控制。需要开启制冷机组时，必须先打开水泵电动机、蒸发器电动机、冷却塔电动机，延时一段时间后再启动压缩机电动机，再延时一段时间后开启电磁阀；停机时，以上电器同时停止。

1．主电路设计

系统需要控制的对象有：水泵电动机、冷却塔电动机、蒸发器电动机、压缩机电动机和电磁阀 5 个对象。启动机组时，水泵电动机、冷却塔电动机、蒸发器电动机同时启动，鉴于它们的容量较小，可将其接于同一供电回路，而压缩机电动机及电磁阀因需依次延时一段时间，故需分开设计。此设计的主电路如图 5-7 所示。

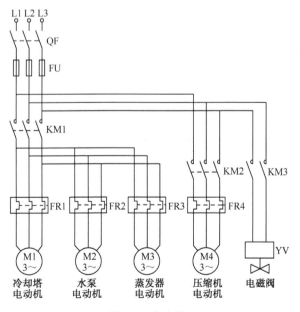

图 5-7　主电路

2．列出主电路中电气元件动作的要求

根据控制对象要求和主电路的布局，列出电气元件动作的要求如下：

（1）按下启动按钮后，KM1 首先吸合。

（2）延时一段时间后，KM2 吸合。

（3）再延时一段时间后，KM3 吸合。

（4）按下停止按钮后，所有电动机立即停止。

（5）电路工作时应具有一定的指示及保护功能。

3．选择基本控制环节，并进行初步的组合

根据上述要求，至少应选择一个自保持环节及两个延时环节，如图 5-8 所示。基本电路组合时，应理清动作顺序关系。

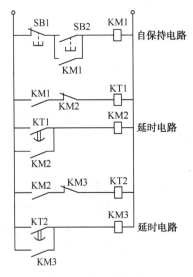

图 5-8　基本控制环节

首先是自保持电路 KM1 动作，带动时间继电器 KT1 动作，然后是时间继电器 KT1 带动时间继电器 KT2 动作，也可以自保持电路动作后，同时带动时间继电器 KT1 和时间继电器 KT2 动作，不过时间继电器 KT2 的延时时间要长一些。

选用各环节中的接触器直接控制主回路和各电动机，并选自保持电路的停止按钮 SB1 控制整个电路，作为总停开关。图 5-9 为基本控制环节的组合电路，图 5-9（a）为两延时环节依次触发电路，图 5-9（b）为两延时环节同时触发电路。

4．简化线路

对图 5-9 所示的电路，可以将一些功能上相同、接法上相似的触点合二为一，时间继电器 KT1 线圈回路中的 KM1 的动合触头与 KM1 线圈回路中的 KM1 的动合触头的一端均接于一点，将 KM1 线圈回路中的 KM1 动合触头省去，直接借用 KT1 线圈回路中的 KM1 的动合触头。与此类似，时间继电器线圈回路中还有与 KM2 线圈回路中相同的 KM2 的动合触头，可以省去一个。简化后电路如图 5-10 所示。

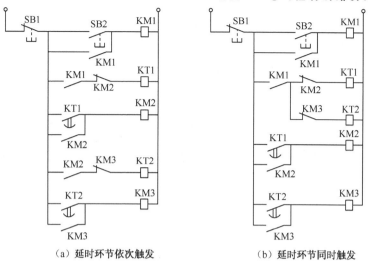

（a）延时环节依次触发　　　　（b）延时环节同时触发

图 5-9　基本控制环节的组合电路

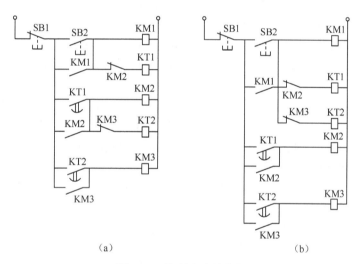

（a）　　　　　　　　　　　　（b）

图 5-10　控制电路的简化

5．对照要求，完善电路

对照本例主电路电气元件动作的要求，（1）、（2）、（3）、（4）四条均已满足要求，下面完善第（5）条功能，即具有保护功能：为实现短路保护，可在主电路中串接熔断器 FU，在控制线路中串接熔断器 FU；为防止电动机过载，可在每组电动机主电路中加装热继电器 FR1～FR4，利用热继电器的触头，使电路在电动机过载时采取一定的防范措施。考虑到该系统只要有一台电动机过载，整个系统便不能正常工作，因此只要有电动机过载，就应使系统总停，故热继电器 FR1～FR4 的动断触头应全部与总停按钮串接于一起。

由于两时间继电器同时触发电路，在时间继电器 KT1 损坏时，KT2 同样能被触发延时，有可能造成误动作。为了避免这种情况，故选择了两时间继电器依次触发电路，这样在时间继电器 KT1 损坏时，时间继电器 KT2 不能被触发，提高了系统的安全性。此时，控制电路如图 5-11 所示。

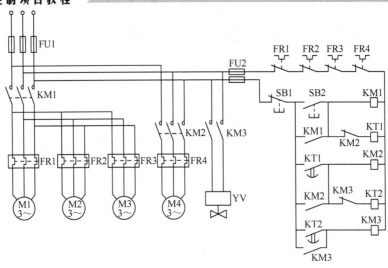

图 5-11 初步完善的控制电路图

控制电路应具有机组运转状态指示。机组运转状态有三种：风机、水泵和冷却塔电动机启动，压缩机电动机启动和电磁阀打开进入制冷状态。外加电源指示灯，共设 4 个指示灯，指示灯可与相应接触器动合触头串接后，并联于电源之间，这样在接触器动作后，相对应的指示灯亮。

该冷库控制电路应具有自动停机功能。在冷库温度低于规定值后，制冷机组应停止转动。为了实现这一功能，可在冷库内安装温度控制器（K），在达到设定温度后，温度控制器自动动作，触头断开。此时可将其动断触头串接在控制电路总支路中，与停止按钮功能相同。完善后的控制电路图如图 5-12 所示。

4 个指示灯依次标志：电源、机组启动、压缩机启动、制冷。

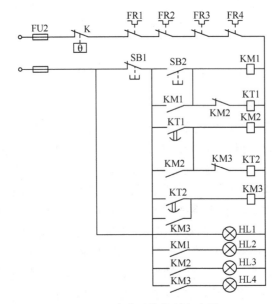

图 5-12 完善后的控制电路图

6．统计接触器、继电器及触头数，并进行合理安排

本电路中，使用的接触器及继电器 KM1、KM2、KM3、KT1、KT2、FR1、FR2、FR3、FR4 所用的触头数如表 5-3 所示。

从表 5-3 中可以看出，无论接触器还是继电器，其触头数量都不是太多，对于一般既具有动合触头又具有动断触头的接触器和继电器来说是足够用的，因此该电路不用改动。

如果触头的数量不够使用，可另加一中间继电器扩展触头，但该方法增加了元件的数量，如能简化线路，减少触头的使用数量，则尽量简化线路，使所用的元件数尽可能得少。例如本例中，将指示灯并接于相应接触器的线圈两端，可省去一对触头。

表 5-3　接触器、继电器所用的触点数统计

名　　称	控制回路所用触点数		主回路所用触点数		合　　计	
	动　合	动　断	动　合	动　断	动　合	动　断
KM1	2		3		5	
KM2	2	1	3		5	1
KM3	2	1	3		5	1
KT1	1				1	
KT2	1				1	
FR1		1				1
FR2		1				1
FR3		1				1
FR4		1				1

7．线路的分析与完善

线路设计完毕后，往往还有一些不合理的情况，需要对其分析并进行完善。

（1）是否已完全简化。对电路的简化应再进行一次，看触头的数量是否使用过多，是否连线最方便、最短等。

（2）回路内是否存在寄生回路。在某些较复杂的情况下，有些回路并不是所希望的，这就是寄生回路。寄生回路的产生，可使电路在某些情况下误动作，而有些情况下则出现振动，造成能源无谓的消耗。

（3）为防止误操作，每个电路都应分析按钮在各种情况按下时的动作情况。例如，在电动机正反转电路中，当正转时按下反转按钮，电路如何反应，正、反转按钮同时按下时，是正转还是反转等都应仔细分析，以防止操作失误时对设备造成损坏。

8．可行性验证

设计后的电路，应进行一次可行性的验证。试验时可采取一定的保护措施，以验证各种特殊情况下的反应，确认无问题后方可认为设计方案可投入运行。

任务9 电气系统工艺设计及安装调试

任务描述

运用所学知识和技能，进行动力头加工自动控制线路电气系统工艺设计及电气控制原理图、电器布置图及电气接线图的绘制，并根据电气系统工艺设计完成动力头加工自动控制系统的安装、调试。

知识链接

电气原理设计基于电力拖动方案及用户要求，应用电气控制线路基本环节，组成电气控制原理图。除电气原理设计以外，完整的工程设计还包括配电柜外形结构、安装底板图、操作（控制）面板图、电气接线图的绘制，以及编写使用、维护说明书等工艺设计内容。其重要程度，与原理设计相同。因此，系统地对电气控制系统接线图工艺设计方法进行详尽研究和探讨，有着现实的应用意义和规范的指导意义。

5.2 电气控制系统工艺设计

5.2.1 电气控制系统工艺设计的内容

1．电气设备安装分布总体方案的拟定

按照国家有关标准规定，生产设备中的电气设备应尽可能地组装在一起，使其成为一台或几台控制装置。只有那些必须安装在特定位置的器件，如按钮、手动控制开关、行程开关、电动机等才允许分散安装在设备的各处。所有电气设备应安装在方便接近的位置，以便于维护、更换、识别与检测。根据上述规定，首先应根据设备电气原理图和操作要求，决定电气设备的总体分布，如控制柜、操纵台或悬挂操纵箱等，然后确定各电器元件的安装方式等。在安排电气控制箱时，箱体应放在操作方便、通观全局的地方；悬挂操纵箱应置于操作者附近；发热或噪声大的电气设备要置于远离操作者的地方。

2．电气控制装置的结构设计

根据所选用的电器尺寸、所选控制装置（控制柜、操纵台或悬挂操纵箱等）外形，设计出电气控制装置的结构。设计时一定要考虑电器元件的安装空间。结构设计完成后，结合电器安装板图设计，最终应绘出电气控制装置的施工图纸。

3．设计及绘制电气控制装置的电器布置图

电气控制装置的电器布置图是往电气控制装置内安装电气元件时必需的技术资料，它表明各电器元件在电气控制装置面板或内部的具体安装部位。因此，绘制电器布置图时，应按电器元件的实际尺寸及位置来画，元件的外形尺寸按同一比例画出，并在图上标注出电器元件的型号。

控制柜内电器元件布置时，必须隔开规定的间隔和爬电距离，并考虑维修条件；接线端子、线槽及电器元件必须离开柜壁一定的距离。按照用户技术要求制作的电气装置，最少要留出 10%的面积作备用，以供控制装置改进或局部修改用。

除了人工控制开关、信号和测量指示器件外，门上不得安装任何器件。由同一电源直接供电的电器最好安装在一起，与不同控制电压供电的电器分开。电源开关最好装在控制柜内右上方，其上方最好不再安装其他电器。作为电源隔离开关的胶壳开关一般不安装在控制柜内。体积大或较重的电器置于控制柜的下方。发热元件安装在控制柜上方，并将发热元件与感温元件隔开。弱电部分应加屏蔽和隔离，以防强电及外界干扰。应尽量将外形与结构尺寸相同的电器元件安装在一起，这样既便于安装又整齐美观。

为利于电器维修工作，经常需要更换或维修的器件，要安装在便于更换和维修的高度。电器布置还要尽可能对称，以使整个柜子的重心与几何中心尽量重合。和电器布置图类似的还有电气控制板图。电气控制板是安装电器的底板，电气控制板图上标绘的是各电器安装脚孔的位置及尺寸。

4．绘制电气控制装置的接线图

电气控制装置的接线图，标绘某安装板上各电器间线路的连接，是提供给接线工人的技术资料。不懂电气原理图的接线工人也可根据电气控制装置的接线图完成接线工作。绘制电气控制装置接线图，应遵循以下原则：图中各电器元件应按实际位置绘制，但外形尺寸的要求不像电器布置图那么严格；图中各电器元件应标注与电气控制电路图相一致的文字符号、支路标号、接线端号；图中一律用细线绘制，应清楚地标明各电器元件的接线关系和接线去向；当电气系统较简单时，可采用直接接线法，直接画出元件之间的接线关系；当电气系统比较复杂时，采用符号标注接线法，即仅在电器元件端处标注符号以表明相互连接关系；板后配线的接线图，应按控制板翻转后方位绘制电器元件，以便施工配线，但触点方向不能倒置；应标注出配线导线的型号、规格、截面积和颜色；除接线板或控制柜的进、出线截面积较大以外，其余都必须经接线端子连接；接线端子上各接点按接线号顺序排列，并将动力线、交流控制线、直流控制线等分类排开。

5．绘制总电气接线图

总电气接线图，标绘系统各电气单元间线路的连接。绘制总的电气接线图时可参照电气原理图及上面提到的各电气控制部件的接线图。

5.2.2　电气接线图和互连图的绘制

电气接线图绘制的前提条件是在电气原理图的基础上，根据元器件的物理结构及安装尺寸，在电器安装底板上排出器件具体安装位置，绘制出器件布置图及安装底板图，根据器件布置图中各个元器件的相对位置绘制电气接线图。

1．电气接线图的绘制

绘制原则 1：在接线图中，各电器元件的相对位置应与实际安装位置一致。在各电器元件的位置图上，以细实线画出外形方框图（元件框），并在其内画出与原理图一致的图形符号，一个元件所有电器部件的电气符号均集中在本元件框内，不得分散画出。

绘制原则 2：标注接线标号，简称线号，主回路线号的标注通常采用字母加数字的方法标注，控制回路线号采用数字标注。控制电路线号标注的方法：可以在继电器或接触器线圈上方或左方的导线标注奇数线号，线圈下方或右方的导线标注偶数线号；也可以由上到下、由左到右地顺序标注线号。线号标注的原则是每经过一个电器元件，变换一次线号（不含接线端子）。

绘制原则 3：给各个器件编号，器件编号用多位数字。通常，器件编号连同电器符号标注在器件方框的斜上方（左上角或右上角）。

绘制原则 4：接线关系的表示方法有两种。一是连续线表示法，用数字标注线号，器件间用细实线连接表示接线关系，由于器件间连接线条多，使得电气接线图显得较为杂乱，多用于接线关系简单的电路。二是导线二维标注法，导线二维标注法采用线号和器件编号的二维空间标注来表示导线的连接关系，即器件间不用线条连接，只简单地用数字标注线号，用电气符号或数字标注器件编号，分别写在电器元件的连接线上（含线侧）和出线端，指示导线编号及去向。导线二维标注法具有结构简单、易于读图的优点，广泛适用于简单和复杂电气控制系统的接线图设计。

绘制原则 5：配电盘底板与控制面板及外设（如电源引线、电动机接线等）间一般用接线端子连接，接线端子也应按照元器件类别进行编号，并在上面注明线号和去向（器件编号），但导线经过接线端子时，导线编号不变。

2．电气安装互连图的绘制

电气安装互连图用来表示电气设备各单元间的接线关系。互连图可以清楚地表示电气设备外部元件的相对位置及它们之间的电气连接，是实际接线的依据，在生产现场中得到广泛的应用。

不同单元线路板上电器元件的连接必须经接线端子板连接，系统设计时应根据负载电流的大小计算并选择连接导线，图中注明导线的标称截面积和种类，主要绘制规则有：

（1）互连图中导线的连接关系用导线束表示，连接导线应注明导线规范（颜色、数量、长度和截面积等）。

（2）穿管或成束导线还应注明所有穿线管的种类、内径、长度及考虑备用导线后的导线根数。

其他：注明有关接线安装的技术条件。

项目实践 9　动力头控制电路的调试与故障分析

1．功能分析

将动力头加工自动控制线路分为主电路和控制电路两个部分，在配线板上进行该电气系统的工艺设计及电气控制原理图、电器布置图及电气接线图的绘制，并根据电气系统工艺设计完成动力头加工自动控制系统的安装、调试。

2．实训设备

（1）工具：测试笔、螺钉旋具、斜口钳、尖嘴钳、剥线钳、电工刀等。

（2）仪表：兆欧表、万用表。

3．器材

（1）控制板一块（包括所用的低压电器）。

（2）导线及规格：主电路导线由电动机容量确定；控制电路一般采用截面积为 $1\ mm^2$ 的铜芯导线（BV）；按钮线一般采用 $0.75\ mm^2$ 的铜芯线（RV）；导线的颜色要求主电路与控制电路必须有明显的区别。

（3）备好编码套管。

4．实施步骤与方法

（1）熟悉动力头加工自动控制电气线路。

（2）按电气系统工艺设计及电气控制原理图，完成该线路在配线板上的布置，并绘制电器布置图和电气接线图。

（3）根据所绘电器布置图和电气接线图完成该电气控制线路的安装，并进行通电试车、调试及故障处理。

（4）小组互换，为对方设置模拟故障点四个，在规定时间内进行故障分析及处理，同时做好故障诊断记录。

知识拓展9　小型电动机控制系统工艺设计

结合电气控制设备制造的工程实际，以一台小型电动机控制线路设计为例，结合电气接线图和电气互连图的绘制原则，进一步说明电气控制系统工艺设计的过程。

1．电动机启停控制电气原理图

电动机启停控制电路如图 5-13 所示，为便于施工，设计电气接线图，电气原理图中依据线号标注原则标出了各导线标号，大电流导线标出了载流面积（根据电动机工作电流计算出导线的截面积）。

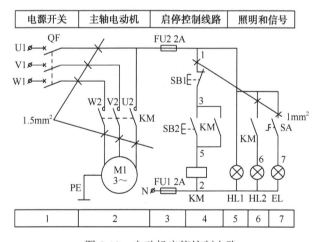

图 5-13　电动机启停控制电路

图 5-13 中接触器线圈符号的下方数字分别说明其动合主触点，动合、动断辅助触点所在的列号，用于分析工作原理时查找该接触器控制的器件。元器件清单见表 5-4 和表 5-5。

表 5-4　电器元件表

序　号	符　号	名　称	型　号	规　格	数　量
1	M	异步电动机	Y80	1.5 kW，380 V，1440 r/min	1
2	QF	低压断路器	C45N	3 级，500 V，32 A	1
3	KM	交流接触器	CJ21-10	380 V，10 A，线圈电压 229 V	1
4	SB1	控制按钮	LAY3	红	1
5	SB2	控制按钮	LAY3	绿	1
6	SA	旋转开关	NP2	220 V	1
7	HL	指示信号灯	ND16	380 V，5 A	2
8	EL	照明灯		220 V，40 W	1
9	FU	熔断器	KT18	250 V，4 A	2

表 5-5　管内敷线明细表

序　号	穿线用管类型	电　线		接线端子号
		截面积/mm²	根数	
1	ϕ10 包塑金属软管	1	2	9、10
2	ϕ20 金属软管	0.75	6	1~6
3	ϕ20 金属软管	1.5	4	U、V、W、PE
4	YHZ 橡套电缆	1.5	4	R、S、T、N

2. 电器安装位置图

电器安装位置图又称布置图，主要用来表示原理图所有电器元件在设备上的实际位置，为电气设备的制造、安装提供必要的资料。布置图中各电器符号与电气原理图和元器件清单中的器件代号一致。根据此图可以设计相应器件安装打孔位置图，用于器件的安装固定。电器安装位置图同时也是电气接线图设计的依据。

电动机启停控制电路的电器安装分为操作（控制）面板和电器安装底板（主配电盘）两部分，操作（控制）面板设计在操作平台或操作柜柜门上，用于安装各种主令电器和状态指示灯等器件，操作（控制）面板与主配电盘间的连接导线采用接线端子连接，接线端子安装在靠近主配电盘接线端子的位置。电器安装底板用来安装固定除操作按钮和指示灯以外的其他电器元件。电器安装底板安装的元器件布置位置一般是自上而下、自左而右依次排列；底板与操作（控制）面板相连接的接线端子，一般布置在靠近操作（控制）面板的上方。

底板与电源或电动机等外围设备相连的接线端子，安装在配电盘的下方靠近过线孔的位置。电器安装位置图如图 5-14 和图 5-15 所示。

3. 电气接线图

根据电器安装位置图绘制电气接线图的具体原则，分别绘制操作面板和电器安装底板的电气接线图。

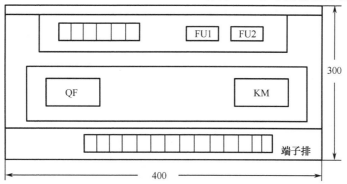

图 5-14　主配电盘电器安装位置

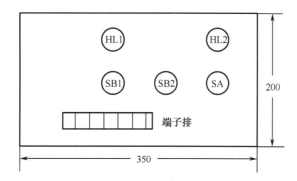

图 5-15　操作面板电器安装位置

图 5-16 所示为电器安装底板（配电盘）的电气接线图，图中元件所有电气符号均集中在本元件框的方框内；各个器件编号，连同电器符号标注在器件方框的右上方；电气接线图采用二维标注法表示导线的连接关系，线侧数字表示线号；线端数字 20～25 表示器件编号，用于指示导线去向，布线路径可由电气安装人员自行确定。

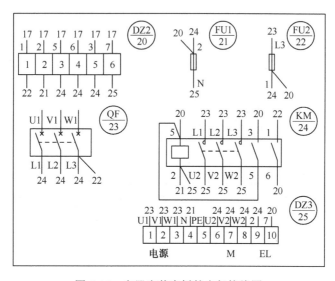

图 5-16　电器安装底板的电气接线图

4．操作（控制）面板的电气接线图

图 5-17 所示为操作面板的电气接线图，图中线侧和线上数字 1～7 表示线号；线端数字 10～25 表示器件编号。控制面板接线，用于指示导线去向。控制面板与主配电盘间的连接导线通过接线端子连接，并采用蛇形塑料套管防护。

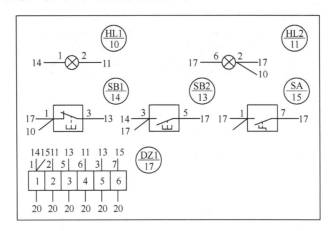

图 5-17　操作面板的电气接线图

5．电气安装互连图

图 5-18 所示为电动机启停控制电路的电气控制柜和外部设备及操作面板间的接线关系，图中导线的连接关系用导线束表示，并注明了导线规范（颜色、数量、长度和截面积等）和穿线管的种类、内径、长度及考虑备用导线后的导线根数，连接电器安装底板和控制面板的导线，采用蛇形塑料软管或包塑金属软管保护，控制柜与电源、电动机间采用电缆线连接（注：为了作图方便，接线端子与实际位置不一致）。

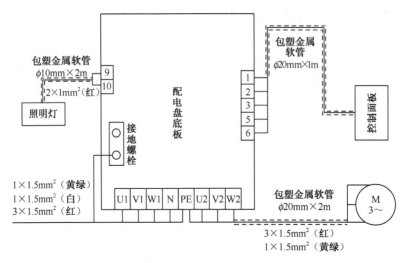

图 5-18　电气安装互连图

6．安装调试

设计工作完毕后，要进行样机的电气控制柜安装施工，按照电气接线图和电气安装互

连图完成安装及接线，经检查无误且连接可靠后，进行通电试验。首先在空载状态下（不接电动机等负荷），通过操作相应开关，给出开关信号，试验控制回路各电器元件动作以及指示的正确性。经过调试，各电器元件均按照原理要求准确动作无误后，方可进行负载试验。负载试验通过后，编写相应的报告、原理、使用操作说明文件。

习　题　5

1. 简述电气原理图的设计原则。
2. 简述电器安装位置图的用途，以及与电气接线图的关系。
3. 简述应用导线二维标注法绘制电气接线图的基本思想。
4. 简述电气接线图的绘制步骤。
5. 简述电气接线图和电气互连图有什么不同之处。
6. 绘制配电盘的打孔位置图时，应综合考虑哪些因素？
7. 为了确保电动机正常安全运行，电动机应具有哪些保护措施？
8. 为什么电器元件的电流线圈要串接于负载电路中，电压线圈要并接于被测电路的两端？

参 考 文 献

[1] 邵群涛. 电机及拖动基础. 3 版. 北京：机械工业出版社，2004.

[2] 殷建国. 工厂电气控制技术. 北京：经济管理出版社，2006.

[3] 葛永国. 电机及其应用. 北京：机械工业出版社，2009.

[4] 姜玉柱. 电机与电力拖动. 北京：北京理工大学出版社，2006.

[5] 赵承荻. 电机及应用. 北京：高等教育出版社，2006.

[6] 殷建国. 工程电气控制技术. 北京：经济管理出版社，2006.

[7] 刘小春. 电气控制与 PLC 技术应用. 北京：电子工业出版社，2009.

[8] 何永艳. 电机与电气控制案例教程. 北京：化学工业出版社，2009.

《电机与电气控制项目教程》读者意见反馈表

尊敬的读者：

感谢您购买本书。为了能为您提供更优秀的教材，请您抽出宝贵的时间，将您的意见以下表的方式（可从 http://www.hxedu.com.cn 下载本调查表）及时告知我们，以改进我们的服务。对采用您的意见进行修订的教材，我们将在该书的前言中进行说明并赠送您样书。

姓名：_____　　电话：_____

职业：_____　　E-mail：_____

邮编：_____　　通信地址：_____

1. 您对本书的总体看法是：

　　□很满意　　□比较满意　　□尚可　　□不太满意　　□不满意

2. 您对本书的结构（章节）：□满意　□不满意　改进意见_____

_____

_____

3. 您对本书的例题：　□满意　　□不满意　　改进意见_____

_____

_____

4. 您对本书的习题：　□满意　　□不满意　　改进意见_____

_____

_____

5. 您对本书的实训：　□满意　　□不满意　　改进意见_____

_____

_____

6. 您对本书其他的改进意见：

_____

_____

_____

7. 您感兴趣或希望增加的教材选题是：

_____

_____

_____

请寄：100036　北京市万寿路 173 信箱高等职业教育分社　收

电话：010–88254565　　E-mail：gaozhi@phei.com.cn

反侵权盗版声明

电子工业出版社依法对本作品享有专有出版权。任何未经权利人书面许可，复制、销售或通过信息网络传播本作品的行为，歪曲、篡改、剽窃本作品的行为，均违反《中华人民共和国著作权法》，其行为人应承担相应的民事责任和行政责任，构成犯罪的，将被依法追究刑事责任。

为了维护市场秩序，保护权利人的合法权益，我社将依法查处和打击侵权盗版的单位和个人。欢迎社会各界人士积极举报侵权盗版行为，本社将奖励举报有功人员，并保证举报人的信息不被泄露。

举报电话：（010）88254396；（010）88258888

传　　真：（010）88254397

E-mail：　dbqq@phei.com.cn

通信地址：北京市万寿路 173 信箱
　　　　　电子工业出版社总编办公室

邮　　编：100036